U0150449

大家小书

刘仙洲 著

中国机械工程发明史

北京出版集团公司
北京出版社

图书在版编目（CIP）数据

中国机械工程发明史 / 刘仙洲著. — 北京：北京
出版社，2020.9
（大家小书）
ISBN 978-7-200-15141-1

Ⅰ. ①中… Ⅱ. ①刘… Ⅲ. ①机械工业—技术史—中
国 Ⅳ. ① TH-092

中国版本图书馆 CIP 数据核字（2019）第 206687 号

总 策 划：安 东 高立志 项目统筹：邓雪梅
责任编辑：高立志 邓雪梅 责任印制：陈冬梅
装帧设计：金 山

·大家小书·

中国机械工程发明史

ZHONGGUO JIXIE GONGCHENG FAMING SHI

刘仙洲 著

出 版 北京出版集团公司
北京出版社
地 址 北京北三环中路 6 号
邮 编 100120
网 址 www.bph.com.cn
总 发 行 北京出版集团公司
印 刷 北京华联印刷有限公司
经 销 新华书店
开 本 880 毫米 × 1230 毫米 1/32
印 张 8.125
字 数 136 千字
版 次 2020 年 9 月第 1 版
印 次 2020 年 9 月第 1 次印刷
书 号 ISBN 978-7-200-15141-1
定 价 49.80 元

如有印装质量问题，由本社负责调换
质量监督电话 010-58572393

总　序

袁行霈

　　"大家小书"，是一个很俏皮的名称。此所谓"大家"，包括两方面的含义：一、书的作者是大家；二、书是写给大家看的，是大家的读物。所谓"小书"者，只是就其篇幅而言，篇幅显得小一些罢了。若论学术性则不但不轻，有些倒是相当重。其实，篇幅大小也是相对的，一部书十万字，在今天的印刷条件下，似乎算小书，若在老子、孔子的时代，又何尝就小呢？

　　编辑这套丛书，有一个用意就是节省读者的时间，让读者在较短的时间内获得较多的知识。在信息爆炸的时代，人们要学的东西太多了。补习，遂成为经常的需要。如果不善于补习，东抓一把，西抓一把，今天补这，明天补那，效果未必很好。如果把读书当成吃补药，还会失去读书时应有的那份从容和快乐。这套丛书每本的篇幅都小，读者即使细细地阅读慢慢地体味，也花不了多少时间，可以充分享受读书的乐趣。如果把它们当成补药来吃也行，剂量小，吃起来方便，消化起来也容易。

我们还有一个用意，就是想做一点文化积累的工作。把那些经过时间考验的、读者认同的著作，搜集到一起印刷出版，使之不至于泯没。有些书曾经畅销一时，但现在已经不容易得到；有些书当时或许没有引起很多人注意，但时间证明它们价值不菲。这两类书都需要挖掘出来，让它们重现光芒。科技类的图书偏重实用，一过时就不会有太多读者了，除了研究科技史的人还要用到之外。人文科学则不然，有许多书是常读常新的。然而，这套丛书也不都是旧书的重版，我们也想请一些著名的学者新写一些学术性和普及性兼备的小书，以满足读者日益增长的需求。

"大家小书"的开本不大，读者可以揣进衣兜里，随时随地掏出来读上几页。在路边等人的时候，在排队买戏票的时候，在车上、在公园里，都可以读。这样的读者多了，会为社会增添一些文化的色彩和学习的气氛，岂不是一件好事吗？

"大家小书"出版在即，出版社同志命我撰序说明原委。既然这套丛书标示书之小，序言当然也应以短小为宜。该说的都说了，就此搁笔吧。

刘仙洲与《中国机械工程发明史》

冯立昇

　　中国机械史的现代研究发端于20世纪二三十年代，刘仙洲、张荫麟和王振铎先生是中国机械史早期研究的主要开拓者。刘仙洲的研究工作虽起步略晚于张荫麟，但从20世纪30年代初期起，他长期致力于中国机械史的发掘整理与系统研究，成为这一研究领域最重要的奠基人。他在20世纪60年代初完成并出版的《中国机械工程发明史》（第一编），是中国机械史的第一部专著，在国内外学界产生了广泛的影响，该书出版时发行了精装和平装两种版本，虽然印数不少，但主要藏于图书馆，且只有繁体字版，一般读者仍感利用不便。重温这部著作，深感其具有引导与启发作用，至今价值不减，依然是中国机械史研习者的必读之书。现北京出版社将其收入"大家小书"书系，推出简体字版，对于更好地传播中国机械史知识、认知科技文化遗产，继承和弘扬中国优秀传统文化，都将起到积极的促进作用。

刘仙洲，原名鹤，又名振华，字仙舟。1890年1月27日出生在河北完县（顺平县）唐行店村一个农民家庭，8年私塾学习使他打下了良好的古文基础。1907年，他考入保定崇实中学，后在保定育德中学学习并毕业。1913年春，考入北京大学预科。次年夏考入香港大学工学院机械工程系，1918年夏毕业并获得香港大学工程科学学士学位，经伦敦大学审查被评为"头等荣誉"（First Class Honours）。从香港大学毕业后，刘仙洲返回母校育德中学，在留法勤工俭学高等工艺预备班任机械学教员。1921—1924年任河北大学物理教员、农业机械讲师。1924—1928年，任北洋大学教授、校长，1928—1931年任东北大学教授、机械系主任等职，1932年，受聘清华大学机械工程学系教授，成为我国著名的机械工程学家和工程教育家。

刘仙洲开始做中国机械史研究，与他关注中国机械工程学科的本土化和学术独立发展有着直接联系。20世纪二三十年代，中国工程教育多直接采用欧、美等国原版教材，教科书普遍采用欧、美等国的工程规范、数据，存在脱离中国工业实际的情况，特别是对工程教育普及和学术自主发展有不利影响。他指出："国人教授本国人以实用学术，恒用外文课本，且有时更用外国语讲解焉。长此不易，则吾国工程学术，恐永无独立之期，其间影响于工程学术之普及者，尤为重大也。"为此，他主张用本国文字编写工程教科书和著述，不遗余力地推动工程学术的本土化和学术的自主发展，并一直"居恒以此为念，授课之余，每从事编译，成就甚微，然各种工科课程应各有相当之中文课本以渐达于能用本国文字教授工程学术之主张，则始终未变"。多年来，他在多所大学始终坚持用汉语授课，且倾注了极大的精力编写中文机械工程教科书和读物。他编写的《机械学》（1921）、《蒸汽机》（1926）、《内燃机》（1930）、《机械原理》（1935）、《热工学》（1948）等十几种中文教科书，多次再版，被国内工科大学和中等专业学校广泛采用，为发展我国机械工程教育事业做出了不可磨灭的贡献。由于编写机械工程教科书和教学的需要，刘仙洲同时也开始了对中国古代工程技术书籍的梳理和探究工作。

　　到清华大学执教后，刘仙洲结合工程教育与教学，从事古代机械工程史研究。他在1933年5月的《清华周刊》上发表了《中国旧工程书籍述略》一文，指出当前的工程教育急需开展三方面的研究：一、整理旧工程书籍；二、从速编订工程名词；三、有计划编译新工程书籍和编辑刊行工程刊物，而工程史料的整理是其最基础的工作。当时，编订工程名词是工程界积极推进的工作，他接受中国工程师学会编译工程名词委员会的委托，开展了《英汉对照机械工程名词》的编订工作。与此同时，他开始了分门别类地整理机械工程史料的工作，并在工程教育与研究中加以应用。他还开展了机械史的专题研究，先后发表了多篇有关论文，开拓了中国机械史研究的领域。1935年他编著出版的《中国机械工程史料》（约6万字）是早期机械史研究最重要的成果。

中华人民共和国成立后，刘仙洲先后担任过清华大学院系调整筹委会主任、第二副校长、副校长、第一副校长、国家科委技术科学学科组副组长、国务院科学规划委员会机械组副组长等多种学术职务，1955年被选聘为中国科学院学部委员和中国科学院中国自然科学史研究委员会委员、中国古代自然科学及技术史编辑委员会委员。

中华人民共和国成立后，中国机械史研究逐渐发展成一个独立的研究领域，并成为中国科学技术史的重要学科分支。1952年，刘仙洲向教育部提议在清华大学成立"中国各种工程发明史编纂委员会"，当年10月获得批准，1953年夏，委员会正式成立，名称改为"中国工程发明史编辑委员会"。刘仙洲随即组织专人开始着力搜集和整理资料，开始"邀请数位专门帮助搜集资料的人员，共同检阅古书。后来中国科学院又支援了一位专人，在城内的北京图书馆和科学院图书馆阅书"。中国工程发明史编辑委员会办公地点设在清华大学图书馆，直接隶属于学校，由刘仙洲直接领导，其主要工作是进行中国工程技术史料的搜集、抄录和整理研究。他亲自指导有关教师与图书馆员开展机械史料的搜集、整理工作，并一起进行抄录资料卡片的工作。相关工作对中国机械史乃至工程技术史的研究起到了促进作用。

在搜集文献资料的同时，他也十分关注考古发掘成果，努力搜集与机械相关的文物资料，并得到中国历史博物馆和太原、西安、洛阳、上海等地博物馆的帮助和支持，获得相关文物照片和拓片等资料。在主持汇集中国工程史料工作的同时，刘仙洲依据文献史料和最新考古成果，开展了一系列的机械史专题研究工作，在许多问题上得出了自己的结论，发表了多篇学术论文。在此基础上，完成了中国机械史研究的奠基之作《中国机械工程发明史》（第一编）。该书的初稿完成于1961年4月，全书正文127页，当年10月由清华大学印刷厂铅印并精装发行。不久，刘仙洲将该书提交到中国机械工程学会1961年的年会上，供同行参考并征求意见。在广泛征求意见后，刘仙洲对初稿进行了修改，于1962年5月由科学出版社正式出版，同时印刷了16开的精装本和平装本。比较初稿和正式出版版本，可以发现书的内容有所删改和补充，插图有较多调整和替换。正式本增加了5页的结束语，讲述了刘仙洲对科学技术史与发明的一些规律性问题的认识，还讨论了社会制度对科技发展的影响。正式本的自序较初稿自序多了如下内容："一部分出土的古代齿轮范、古代齿轮和汉墓壁画的照片系沈阳东北工学院刘致信同志及太原、西安、上海等地博物馆供给。初稿写成以后，承蒙严敦杰及席泽宗同志等校阅一遍，并提出十多处应当改正之处，我已尽量加以改正。"

《中国机械工程发明史》（第一编）是第一部系统论述中国古代机械史的著作，从机械原理和原动力的角度出发梳理了中国古代机械工程发展的主要成就和历程。该书先从一般机械的定义和分类入手，然后按照简单机械、弹力、惯力、重力和摩擦力、原动力与传动机五个方面展开论述了中国古代的主要机械发明成就。他在该书绪论中指出："根据现有的科学技术科学知识，实事求是地，依据充分的证据，把我国历代劳动人民的发明创造分别地整理出来，有就是有，没有就是没有。早就是早，晚就是晚。主要依据过去几千年可靠的记载和最近几十年来，尤其是解放以后十多年来在考古发掘方面的成就，极客观地叙述出来。" 这部著作中的《中国在原动力方面的发明》一章，很快被译成英文在美国出版的《中国工程热物理》（*Engineering Thermophysics in China*）第1卷第1期上发表。

刘仙洲在编撰《中国机械工程发明史》（第一编）过程中，同时还指导研究生和中国历史博物馆研究人员一起开展了古代重要机械的复原工作。

刘仙洲先生研究中国机械工程发明史，治学严谨，锲而不舍。该书反映了他的研究方法与特色：（1）广查古籍文献，发掘一手资料，对古文献资料进行甄别和考证。（2）科学分类，归纳整理。按照近代机械工程的体系、分类方法和研究方法，归纳、分析和研究中国古代各类机械工程发明。将我国古代丰富多彩的机械发明分门别类地纳入机械工程体系中。（3）注重文物考古资料，把古文献资料和考古出土实物结合起来开展研究，以揭示古代机械工程发明的真实历史和发展规律。（4）通过古文献记载和出土文物的分析，结合科学实验，开展古代机械的复原。（5）关注留存下来的传统机械的研究，通过传统机械实物的考察，分析古代机械的结构原理，以多重证据还原历史。

由于新史料的发现或新研究成果的出现，书中的某些具体说法可能需要修正，但仍不失其重要价值。该书体现的一些研究方法和思想观点尤其值得我们继承和发扬光大。如刘仙洲指出当时有三种现象需要实事求是的科技史研究来纠正：一是西方科学技术史学者只知道中国有造纸、印刷、指南针、火药四大发明，此外似乎就没有其他重要的发明了；二是自1840年鸦片战争后，中国有一部分知识分子过于自卑，认为中国在各种科学技术的发明上都不如西方，甚至认为什么也没有；三是另一部分读书人妄自尊大，认为中国什么都有，"在古书里找到同西洋某种科学技术影似的一两句话，就加以穿凿附会，说这些东西我国早已发明过"。他在结束语中对于中国近代科技落后的原因进行了讨论，指出"这种现象的基本原因是和社会制度有关"。刘仙洲认为，西方资本主义社会科学技术与商品生产互为因果，互相推进，而中国封建社会的统治者对于科学技术的发明创造一向不够重视，八股文取士的制度使绝大多数知识分子对科学技术的发展不热心。这不仅反映了作者实事求是的科学态度，还体现出学术大家的文化自觉。

刘仙洲生前还计划编写《中国机械工程发明史》的第二编。1970年1月，在他80岁生日那天，他工工整整写下《我今后的工作计划》，并拟出这部书第二编的写作提纲。2004年，刘仙洲去世29年后，清华大学科技史暨古文献研究所组织编写的该书第二编由清华大学出版社出版。尽管刘仙洲没有亲笔完成这部著作，但《中国机械工程发明史》（第二编）直接继承了他的学术思想和编史工作，从他生前所拟编写计划的十章目录中选择七章，由多位清华学者分工撰写。改革开放后，刘仙洲开创的机械史学科得到了长足的发展，中国机械史的事业正枝繁叶茂，茁壮成长。即将到来的2020年1月27日是刘仙洲先生诞辰130周年，《中国机械工程发明史》（第一编）简体字版的出版发行，将使更多的人能重温和学习这部中国机械史的奠基之作，这无疑也是对老人家的最好纪念。

序

我是学习机械工程的人。在过去四十多年中，主要是从事机械工程方面的教学工作。在二十多年以前，我就经常想到：我们这个民族在过去几千年的历史里，对于机械工程的发明曾有过什么表现？授课时间以外，每在古代典籍中找些有关的资料，并在1935年编印过一小册《中国机械工程史料》。1937年写过一篇"王徵与我国第一部机械工程学"的文章。原拟在那一年8月间在太原举行的中国工程师学会的年会上发表。因七七事变，年会没有开成。在抗战期间，随同学校迁到昆明，因资料缺乏，仅写了"中国在热机历史上之地位"（在1943年《东方杂志》第39卷第18号上发表）和"三十年来的中国机械工程"（在中国工程师学会主编的《三十年来之中国工程》上发表）两篇文章。新中国成立以后，经教育部的大力支持，在清华大学设置中国工程发明史编辑委员会，并邀请数位专门帮助搜集资料的人员，共同检阅古书。后来，中国科学院又支援了一位专人，在城内北京图书馆和科学院图书馆阅书。他们共阅过的古书已有九千多种，搜集的资料也不少。其中有关采矿、冶金、地质、纺织等资料已由中国科学院自然科学史研究室另请专人分别从事整理。在机械工程方面，我曾经写过"中国在原动力方面的发明"（在1953年10月《机械工程学报》第1卷第1期上发表）、"中国在传动机件方面的发明"（在1954年7月《机械工程学报》第2卷第1期上发表）、"中国在计时器方面的发明"（在1956年9月意大利佛劳伦斯[①]召开的第八届国际科学史会议上宣读，并在1956年12月《天文学报》第4卷第2期上发表）等论文。1958年，重行编订了"王徵与我国第一部机械工程学"一文（在1958年9月《机械工程学报》第6卷第3期上发表）；1959年与王旭蕴同志共同发表了"中国古代对于齿轮系的高度应用"一文（在1959年8月《清华大学学报》第6卷第4期及同年12月《机械工程学报》第7卷第2期上发表）。1960年，我又写了"中国古代在简单机械和弹力、惯力、重力的利用以及用滚动摩擦代替滑动摩擦等方面的发明"一文（在1960年12月《清华大学学报》第7卷第2期上发表）。现在决定以过

[①] 现通译为佛罗伦萨。——编者注

去这些论文的内容为基础，并根据最近得到的新资料加以补充和修正，作为《中国机械工程发明史》的第一编。大体上以我国最初发明的简单机械和各种原动力及传动机件为主。至于各种工作机、各种制造工艺和受到西洋影响以后一段时期及新中国成立以后大发展时期的发明创造，以后再陆续整理写出。

帮助搜集资料的人前后计有：常审言、刘剑青、赵濯民、郭梦武、耿捷忱等五位。有关水力天文仪器、指南车、记里鼓车等所用齿轮系的安排计算和绘图等，多得到王旭蕴同志的协作。有关石器时代出土遗物年代的判定，多受到裴文中同志的帮助。郭守敬最早采用滚柱轴承的记载是北京天文馆李鑑澄同志向我提出来的。詹希元五轮沙漏里边所用的四对齿轮的排列法曾根据自然科学史研究室钱宝琮同志的意见加以改正。一部分出土的古代齿轮范、古代齿轮和汉墓壁画的照片系沈阳东北工学院刘致信同志及太原、西安、洛阳、上海等地博物馆供给。初稿写成以后，承蒙严敦杰及席泽宗同志等校阅一遍，并提出十多处应当改正之点，我已尽量加以改正。又，在重要的发明里边，有十几种已由中国历史博物馆把它们复原出来，则多赖该馆领导人的大力支持和王振铎同志及几位技术工人同志的努力。谨附此一并致谢。

书中难免仍有不妥之处或错误之处，倘承阅者提供宝贵意见，以便修正，笔者极为欢迎。

刘仙洲　1962年2月2日　于清华大学

目　录

第四章　中国在原动力方面的发明

第五章　中国在传动机或传动机件方面的发明

第六章　结束语

第一章 绪论

一、整理我国科学技术发明史的重要意义

我们中国已有四五千年的历史。历代的劳动人民因为生产和生活上的需要，在各种科学和工程技术方面都有不少的发明创造。因为过去一两千年，我国的读书人对这方面重视不够，又向来不好自我宣传，以致西洋写科学技术史的人们，除了提到最显著的所谓中国四大发明——造纸、印刷、罗盘、火药——以外，似乎我们就没有其他重要的发明。自1840年以后，帝国主义侵入我国，它们的一部分科学技术也随之输入（17世纪初年，即明代末年，有少数西洋传教士输入了一部分科学技术，但是没有发生多大影响）。我国一部分读书人懔于它们的船坚炮利，曾发生过不应有的自卑感。认为我国在各种科学技术的发明上，事事不如人。甚至认为我们什么也没

有。今后如果想着使我们国家的科学文化向前进步，只有一切都向外国学习。就是所谓要"全盘西化"的主张。但是同时也有另一部分读书人却妄自尊大，认为我国什么都有。在古书里找到同西洋某种科学技术影似的一两句话，就加以穿凿附会，说这些东西我国早已发明过。甚至说西洋的许多发明都是由我国传去的。这两方面都是错误的，因为都和实际的情况不合。我们应当根据现有的科学技术知识，实事求是地，依据充分的证据，把我国历代劳动人民的发明创造分别地整理出来。有就是有，没有就是没有。早就是早，晚就是晚。主要依据过去几千年可靠的记载和最近几十年来，尤其是新中国成立以后十多年来在考古发掘方面的成就，极客观地叙述出来。这样，不但对人类发明史上可以增加不少宝贵的内容，同时也使我国过去几千年劳动人民的光辉成就不致湮没。在编写中国通史和有关的科学技术教材时，更可择要选入，对于后一代青年的爱国主义教育也将有一定的好影响。

二、整理我国科学技术发明史遇到的困难

在整理我国科学技术发明史的过程中，遇到以下各种困难：在秦汉以前，一般地说，我国对于各种科学技术上的发明

创造还算重视。如《易经·系辞》上说："备物致用，立成器以为天下利，莫大乎圣人。"《周礼·考工记》上说："智者创物，巧者述之，守之世，谓之工。百工之事皆圣人之作也。"又说："烁金以为刃，凝土以为器，作车以行陆，作舟以行水，皆圣人之所作也。"但是也有反面的思想，对于新奇的发明创造加以轻视或排斥。如《礼记·王制》上说："凡执技以事上者，祝、史、射、御、医、卜及百工。凡执技以事上者，不贰事，不移官，不与士齿。"《老子》上说："民多利器，国家滋昏。人多技巧，奇物滋起。绝巧弃利，盗贼无有。"到秦汉以后，则除去对于有关农业生产的发明创造以外，一般的多改为轻视。更晚一些，甚至有发明者向当时的统治者贡献自己的发明创造而得罪的。《明史·天文》："……明太祖平元，司天监进水晶刻漏。中设二木偶人，能按时自击钲鼓。太祖以其无益而碎之。"可作为在封建时期统治者对科学技术轻视的一例。明末王徵在《远西奇器图说》的序文里边说："客有爱余者顾而言曰……吾子向刻'西儒耳目资'，犹可谓文人学士所不废也。今兹所录，特工匠技艺流耳，君子不器，子何敝敝焉于斯？"宋应星在《天工开物》的序文里边说："丐大业文人弃掷案头，此书于功名进取毫不相关也！"都是针对着当时读书人轻视科学技术而发出的感慨。

因为在过去的历史上有重视和轻视的两种思想，结果就发生了两种不同的偏差。在比较重视的时期，对于科学技术的发明创造，在重要的著作上多加以记载。如《世本·上作篇》专记载古代的发明创造。这是好的一面。但是多把发明创造归之于所谓"圣王"或他们的大臣，如神农、黄帝、虞舜、夏禹等。就是说，因为重视的缘故，就多把劳动人民的发明创造都归之于当时的统治者，不能表出真实情况。在轻视的时期又与此相反，许多发明创造在正史上记载得不多，只偶尔散见于笔记和杂记等著作之中。即使在正史上或笔记杂记上偶有记载，也多失之太略，很难根据记载以明了它们的构造。结果不但是资料非常散乱，难于整理，甚至有不少很重要的发明创造无法查出是何人所发明。

又，我国古代有关科学技术发明的记载，如《世本·上作篇》的记载，《易经·系辞》及诸子上的记载，多系本之传闻，且每有彼此不完全一致的地方，如车的发明各书上所载的竟有七八人之多。后来，在《事物绀珠》《物原》《壹是纪始》等书里，每提到一种发明的创始者，又从不给出所根据的证据来，结果更不敢轻于依据。

其次是：真正做出发明创造的人或自己不会用文字记载，或因社会上不予重视之故而没有加以记载。一部分幸而被记载的又多出于当时或后世的文人。他们在记载时多在文字的简练上注意，同时又不真正了解这些发明创造的内容，以致或过于简略，或记载失实，或过分夸大，或故事神奇，或详于记载外形和表面的作用而略于记载内部的结构及传动的机构，使后人无法根据记载而加以全部地了解。我记得在中学读书的时候，教历史的先生曾批评：在二十四史里边以《宋史》写得最为芜杂（实际上是写得最详细，过去一般文人认为不合此前写历史的传统）。其实，自后汉张衡以后，历代的天文仪器、指南车、记里鼓车等发明，如果没有《宋史》"舆服志"及"律历志"上几段比较详细的记载供我们研究探索，简直是无法加以了解，只有归之于"失传"了事。

我国向来不甚重视对于器物的绘图，结果有不少古代的发明创造，因为没有绘图的帮助，很难把它们搞明白。到宋代以后的著作中才好了些。但是图的画法往往不完全合理，有时甚至还有错误。

又，我国古书上的记载，多没有句读，有时文字更非常费解。如"左右龟鹤各一"和"三寸少半寸"等句子，费了长时间的思索和讨论，才搞清楚。有的直到现在还搞不十分清楚。这都是进行这一工作的困难。

以上是就着我国古代所有的各种科学技术说的。因为这本书是专门论述我国古代机械工程方面的发明的，所以下边将专门论述有关机械工程的东西。

三、机械对于人类的关系和它发展的程序

机械的发明是人类区别于其他动物的一项主要标志。恩格斯在他所著的《自然辩证法》上说："没有一只猿手曾经制造过一把即使是最粗笨的石刀。"[①]可见开始发明创造机械是人类离开其他动物的一个根本特征。

人类发明创造机械的动力是迫于生产和生活上的需要。

当人类创造出机械以后，首先就能增加生产力和提高劳动生产率。紧接着就影响到生产方式和生活方式。以后又根据机械的发展和逐步提高，人类的社会组织也就随着前进。所以机械的发生和发展是推动人类社会前进的一种重要因素。

无论在哪一个民族，机械的发明和发展都是先由几种简单机械开始，如石刀、石斧等。在用它们进行工作的时候，所需要的原动力是直接出自人的本身。利用这些简单机械，只是能够省力或便于用力。人直接用手做不到的工作利用这些机械就

---

① 恩格斯《自然辩证法》，第138页，人民出版社，1955年。

中国机械工程发明史

能做到。第一步的发展是在一定的短时间以内会设法储蓄一部分本身所出的力量，使需要的时候再发出来，如弓箭上所利用的弹力，舞钻上所利用的惯力等等。原动力仍是出于人的本身，但是利用机械在一定短时间以内储蓄一下，有时就便于工作。第二步的发展是能使几种简单机械互相合并成为比较复杂的机械，以便达到比较复杂的目的，如剪刀是由尖劈和杠杆合并组成等等。第三步，也是很大的一步发展，是在本身以外能利用其他的原动力。开始时先找到利用牲畜力，后来更发明利用风力、水力和热力，如各种风轮、各种水轮和各种热机等。结果，使机械对人类的生产力和劳动生产率更大为提高。第四步就是向着半自动化和自动化发展，所需要的人力将越来越少，也可以说是人的劳动生产率会越来越高。对于以上各阶段的发展过程，在我国机械工程发明史上都有一定的表现。

又，就我国的考古资料和有文字记载的史料看，粗制的石器，即机械工程发明的开始，至少已有五六十万年的历史，而在本身以外找到其他原动力，则只有四五千年的历史。就是说，在本身以外找到其他原动力来帮助或代替我们做工的一段时间和已发明机械但是原动力仍出自本身的一段时间相比，只不过是百分之一。但是因为它对人类生产力的影响越来越大，社会的进展也就越来越快了。

四、机械的定义和我国对于机械定义的表现

打算研究机械工程发明史应当首先了解一些有关机械的基本知识。什么叫作机械是首先应当加以了解的一项。

什么叫作机械？是不大容易回答的。苏联奥德萨工业大学В.А.多布罗窝利斯基教授（В.А.Добровопьский）曾于1955年3月向大连工学院机械零件教研组函问我国古代给机械这一概念下的定义。他们来信问我。我当时曾以东汉许慎所著的《说文解字》上对"机"字的解释答复他们，即"主发谓之机"。后来我又深入地思索了一下，认为许慎给"机"字下的定义主要是对弩机上叫作"机"的那一件而言。若把它作为机械的定义不够全面。不如根据《庄子》上所载的子贡（公元前520—公元前456年）对汉阴丈人所说的话[①]，规定为"机械是能使

---

① 《庄子·天地》："子贡南游于楚，反于晋。过汉阴，见一丈人，方将为圃畦。凿隧而入井，抱瓮而出灌。搰搰然用力甚多而见功寡。子贡曰：有械于此，一日浸百畦，用力甚寡而见功多，夫子不欲乎？为圃者仰而视之，曰：奈何？曰：凿木为机，后重前轻，挈水若抽，数如泆汤，其名为槔。为圃者忿然作色而笑曰：吾闻之吾师，有机械者必有机事，有机事者必有机心。机心存于胸中，则纯白不备，纯白不备则神生不定，神生不定者道之所不载也。吾非不知，羞而不为也。"

人用力寡而成功多的器械"。就是说我国在公元前5世纪，子贡就给机械下了一个定义，是："能使人用力寡而成功多的器械。"后来《韩非子》上也有同样的说法[①]，并且有了初步的经济观点。

在西洋第一位对于机械提出定义的人是恺撒[②]时代（公元前1世纪）罗马的一位建筑工程家味多维斯[③]（Vitruvius，王徵《远西奇器图说》上译作未多）。他给的定义是："机械是由木材制造且具有相互联系的几部分所组成的一个系统，它具有强大的推动物体的力量。"他还对机械和工具做了区别。他说："机械和工具的区别似乎在于：机械的开动要用大量人力，消耗很多的能量；而工具只要一个人熟练地操作就可以做出所要求的工作。"

到公元1724年，德国来比锡[④]的一位机械士廖波尔特（Leopold）把机械和工具统一起来，给出一个比较进步的定义。即："机械或工具是一种人造的设备，用它来产生有利的运动；同时在不能用其他方法节省时间和力量的地方，它能做

① 《韩非子·难二》："舟车机械之利，用力少，致功大，则入多。"

② 现通译为恺撒。——编者注

③ 现通译为维特鲁威。——编者注

④ 现通译为莱比锡。——编者注

到节省。"他明确地表示出机械的目的。在提出运动概念的同时，也提出了时间和力量的概念，并提出经济上的考虑。

在19世纪晚年和20世纪初年的几本机械原理的教科书里边有下列的几种定义：

（1）"机械是高级的生产工具。"（维尔特，公元1871年）

（2）"机械者，无论其式样如何，大小如何，皆用以变化运动与力量者也。"（Rankine）

（3）"机械者，固定部分与运动部分之组合体，介乎能力与工作之间，所以使能力变为有用之工作者也。"（Keown，公元1912年）

（4）"机械者，两个以上之物体之组合体，其相对运动皆继续受一定之限制，使一种能力由之变化或传达，以做一种特别之工作者也。"（McKay，公元1915年）

我在1930年编辑《机械原理》一书时，曾参考以上各种教本规定了下列的一个定义：

"机械者，两个以上之物体之组合体，动其一部则其余各部各发生一定之相对运动或限制运动，吾人得利用之使一种天然能力或机械能力发生一定之效果或工作者也。"

这本书在1935年才出版。1937年以后，清华大学采用的时候，我曾改订如下：

"机械者，两个以上具有抵抗力的机件的组合体，动其一件，则其余各件，除固定的机架以外，各发生一定的相对运动或限制运动，吾人得利用之使一种天然能力或机械能力发生一定之效果或工作者也。"

1955年，前边提到的苏联奥德萨工业大学B.A.多布罗窝利斯基教授在他写的"机械这一概念的发展和进一步明确的必要性"一篇论文中，规定了下面一个较好的定义：

"机械是为人所使用的劳动工具，在这个劳动工具中，形状和尺寸适合的部分是由能经受很高压力（阻力）的材料所制成；在引入能量的不断作用下，能完成适合的实际上有利的运动和动作；这些运动和动作是人们为完成技术和工艺目的所必要的。"

总起来看，我国在最近四五百年，对于机械工程的发展虽说落后于西洋，但在两千多年以前就对于机械提出了定义，在时间上约早于西洋四个世纪。

五、机械的分类和我国对于各类机械发明上的表现

机械的种类已经太多了。从前有人做过一些分类，但是就目前的情况说，这些分类法多不够全面。现在仅就各类机械显

著的特点分为下列七大类：

1. 简单机械

简单机械是人类最初发明的机械，如尖劈、杠杆、轮轴、斜面与螺旋等。过去一般人多叫它们为生产工具，不叫作机械。其实若就近年以来我们给机械下的定义说，它们都应当归入机械之内。有人认为它们的构造过于简单，且不做工时，似乎只有一件，和前边所说的定义不合。但是细加分析，任何简单机械，当用它做工时，总是有另一件配合它。不但杠杆必须有一个支点或转轴，就是尖劈，当工作时，都可以想象使被劈物体的一边离开，是我们要达到的目的，被劈物体的另一边，则起着配合尖劈完成它的功用的作用，同时又有一定力量和运动的关系。所以在构造上虽说是很简单，但原理上则都是机械。它们的特点是被人类发明得最早，构造上特别简单。后来的多数复杂机械，多包含着它们的一种或几种作为组成的部分。

2. 发动机或原动机

这一类机械的主要特点是改变能力的种类，就是把不适于直接做工的他种能力改变为适于做工的机械能力，如风轮、水轮、热机中的蒸汽机、蒸汽轮、内燃机、燃气轮等。它们所有的运动多是比较简单。最大多数是发生回转运动，少数是发生往复运动，也有的是先发生往复运动再改变为回转运动的。

3. 工作机

这一大类包括的太多了。任何一个生产工厂，都根据它的产品有它一定的工作机。如一个机械制造厂有它一定数目的工作机，一个纺织厂有它一定数目的工作机等等。但是所有工作机都有一个很明显的特点，就是加入它的已经是机械能力。无论是由皮带带动，由绳轮带动，由链轮带动，由电动机带动，甚至由一种发动机直接带动，加入的总是机械能力，经过工作机的各部最后做工的地方，性质上仍是机械能力。

4. 传动机

这一大类是介乎发动机和工作机之间的一部分。它由发动机接受的是机械能力，最后它给予工作机的仍然是机械能力。只是传达过去，本身并不做什么工作。有时也许有便于分配的好处。有时在它传动的同时担负着一定的运搬任务。这一大类原可认为是一种传动的机件，不必另分成一种机械。但为清楚起见，专立一大类也未尝不可。

5. 仪表

在这一大类，加入的也许是一种天然能力，如风速表、水的流速表等，也许是一种机械能力或电磁能力，经过各部分的传达或变换以后，最后只表现一种效果。我们一般不说它是发出了什么工作（当然严格地说起来，表上的一个指针反抗摩擦力而移动，也是一种工作的表现）。

6. 反用发动机原理的机械

就是第2类的反用。如鼓风机、压气机、排水机、制冷机和排热机等等。它们的特点与第2类恰相反，加入它们的是机械能力，所得的结果则是气体速度的增大，气体压力的增高，水位升高，水压增大及热能的被移出等。它们的运动也是比较简单，和各种发动机相同，只是在功用上恰恰相反，所以我把它们定为反用发动机原理的一类机械。

7. 发电机与电动机

发电机与电动机又是另一种特殊机械。不少的人把它们也列入发动机之内，但实际上是很有不同的地方。发电机所接受的是某一种发动机所发出的机械能力，所发出的是电能力。电能力的应用很多，可以变为热能力，如电炉；可以变为光能力，如电灯；可以变为磁场能力，如电磁；可以变为化学能力，如电解。这些性质就不像一种发动机。但若把发电机所发的电能力直接供给一个电动机，则电动机所发出的又是机械能力，并且多半是供给工作机之用。所以就全部说起来，发电机和电动机可以说是介乎发动机和工作机之间的一种东西。发电机接受的是一种发动机的机械能力，电动机供给工作机的仍是机械能力，只是便于动力的分配和就传达动力说，比较经济而已。就是说：若单就一个电动机直接带动工作机说，似乎同一个发动机相当，但若把发电机和电动机合并起来看，它们又恰和一个传动机相当。所以最好自列一类。

除去发电机和电动机以外，在所有其他种类的机械里边，我国古代多有一定的发明创造（当然古代西洋也没有发电机和电动机），而且按发明的年代说，我们的多比较早。只是在14世纪以后，特别在西洋工业革命以后，我们才逐渐落后了。

六、各种机械的功用和我国古代劳动人民对于各种功用的掌握

一种机械有一种机械的功用。因为机械的种类太多了，它

们的功用似乎是说不完的。但是若在原理上归纳一下，所有机械的功用可以分为下列六大类：

1. 改变不适于直接做工的能力为机械能力

这一类都是改变一种不适于直接做工的天然能力为适于直接做工的机械能力。如各种风轮是改变风的动能力为机械能力的机械；各种水轮是改变水的动能力为机械能力的机械；各种热机是改变各种燃料燃烧时所发出的热能力（原子能发电站是改变原子分裂时所发出的热能力，原理上也是热机的一种）为机械能力的机械等。

2. 改变力量的大小

这一类多为用较小的力量使发生较大的力量，如各种起重机、压力机等。人类最初发明的机械多属于这一类。因为那时人类在生产上遇到的困难多是力量有所不足。子贡称机械的特点是"用力甚寡而见功多"，味多维斯给机械的定义着重提出"它具有强大的推动物体的力量"，都可以说明这一点。

3. 改变运动的种类

如将回转运动改变为往复运动，将往复运动改变为回转动，将回转运动改变为摆动和多种比较复杂的运动，把连续运动改变为间歇运动等，以适应我们生产上的需要。

4. 改变运动的方向

原动部运动的方向可以经过一种机械改变为从动部另一种运动的方向，以适应我们工作上的需要。

5. 改变速度的大小

原动部运动速度的大小，可以经过一种机械使从动部的速度变大或变小，以适应我们的需要。如我国唐代一行梁令瓒等设计的水力天文仪器，能使一天回转1920周的水轮的运动传到浑象，使它一天只回转一周；更间接着传到日环上去，使它三百六十五天才回转一周，就是很好的例子。

6. 第一种功用的反用

即花费一部分机械能力使发生其他的能力以适应我们的需要。如前段所说，风扇或鼓风机，可以说是风轮的反用；回转式扬水机可以说是水轮的反用；制冷机及排热机可以说是热机的反用。它们都是把已有的机械能力改变为风的动能力或气体压力、水的动能力或水的压力和得到热能力的迁移等。这也是机械的一种特殊功用。

在我国古代劳动人民所发明的各种机械里边，对于这些主要的功用的绝大部分也都早就掌握了。

第二章　中国在简单机械方面的发明

在第一章机械的分类一段上曾说过，简单机械是人类最初发明的机械，它们有：尖劈、杠杆、轮轴、斜面与螺旋等几大类。现在把我国对于这几类的发明分别叙述如下：

一、尖劈

尖劈是简单机械的一种。在力学上，我们知道它能够用小力发大力。而且两面所夹的角度越小，用同大的原动力它发生的力量就越大。它发明的时期相对最早。

图1表示在周口店第13地点发现的两面石器。它保持有60°~75°的刃角。贾兰坡先生认为它是一件用作砍伐的小型两面器。因为用放大镜观察它的刃部，还分布着有因使用而剥落碎屑的痕迹。图2表示贾兰坡先生等1960年在山西芮城县匼河村

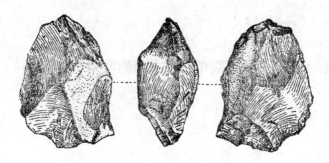

图1 周口店第13地点发现的两面石器

（采贾兰坡《旧石器时代文化》）

图2 山西芮城县匼河村发现的石器

（采《人民画报》1961年第12期）

中国机械工程发明史

发现的大型砍伐器及尖状器，也都有打制和使用的痕迹。以上这两种石器的时代，据推断都比中国猿人还早一些。图3表示在周口店中国猿人化石产地发现的石器，周围边缘也有因砍伐而剥落碎屑的痕迹。时间已约有四五十万年了。

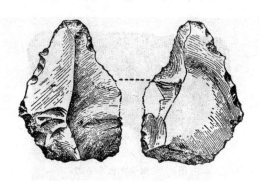

图3　周口店中国猿人化石产地发现的石器
（采贾兰坡《旧石器时代文化》）

后来在内蒙古伊克昭盟①乌审旗所发现的石器里边更有了尖锥状器。考古学家称这一时期为河套文化时期，大约是在二十万年以前。在四川资阳发现了大约十几万年以前的资阳人使用的骨锥。在周口店山顶洞里发掘出约几万年以前的人骨化石，同时除石器以外，也有了骨器。而骨器之中更有了骨针。

① 现鄂尔多斯市。——编者注

在华北、江南和东北广大地区都发现有大量的经过研磨的石器，同时更发现了磨制的骨器、角器及牙器。时间约在一万至五六千年以前。可知我国从周口店中国猿人以前一段时间开始，经过五六十万年漫长的岁月，原有的旧石器又有三方面的

图4　安阳小屯出土石刀
（采原田淑人《支那古器图考》）

图5　杭州老和山出土新石器时代石斧
（采《全国基建工程中出土文物展览图录》）

　　　　　　　　　中国机械工程发明史

图6 信阳三里店出土新石器时代石矛
（采《全国基建工程中出土文物展览图录》）

发展。第一，石器的类型不但增多了，而且越来越具有磨光的表面，如图4到图6所示。第二，所用的材料，不仅限于石材，更加上了骨、角、牙及蚌等。第三，除了刃状及尖状以外，更发展出一部分具有尖锥状的工具，如锥、针及钩等。就力学上的原理说，仍与尖劈相同。只是在全圆周都越来越细下去，具有与尖劈不同的应用就是。

到新石器时代，即五六千年以前，刃状和尖锥状的工具不但类型更多，制造的艺术也更高了。图7表示西安半坡遗址出土的各种重要骨器。时期距现在有五千年左右。

到四千多年以前，先有了红铜器的发明[①]。这是我国进入使用金属工具的开始。不久，就又发明了采用铜锡合金而制成

① 最近中国历史博物馆陈列出甘肃武威皇娘娘台出土的属于齐家文化的红铜器数件，其中有铜刀、铜锥、铜凿等。时代在青铜器以前。

硬度较高的青铜器。用青铜铸造的刃状工具和兵器就增多起来。图8到图11代表我国出土的这一时期的刃状青铜器。自此以后，我国的各种铁器又大大发展起来。除了同时仍有一部分青铜器以外，就目前出土的古物看，又有了铁刀、铁斧、铁镰、铁锄、铁镢、铁铲、铁剑、铁锨及铁铧等。用尖劈原理的简单机械就更多了。

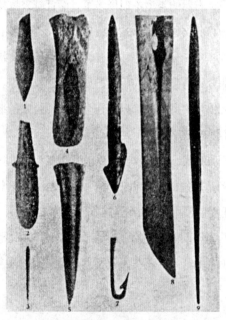

图7　西安半坡出土骨器
（采《西安半坡博物馆半坡遗址介绍》）

　　　　　　　　　　中国机械工程发明史

图8　安阳出土青铜刀
（采郑振铎《中国历史参考图谱》）

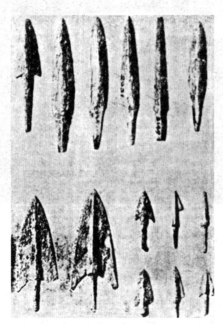

图9　洛阳金村出土铜镞
（采郑振铎《中国历史参考图谱》）

图10　成都扬子山出土战国铜矛
（采《全国基建工程中出土文物展览图录》）

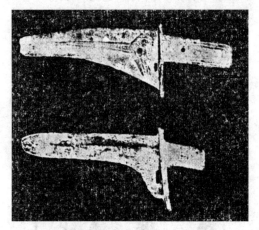

图11　洪赵永凝东堡出土西周铜戈
（采《全国基建工程中出土文物展览图录》）

　　总起来看，我国自五十多万年以前，旧石器时代的周口店
中国猿人稍早一些开始，中间经过中石器时代、新石器时代、
青铜器时代直到春秋以后的铁器时代，无论在生产用具、生活
用具及兵器上，采用尖劈的原理以便用小力发大力，已经是很

　　　　　　　　　　　中国机械工程发明史

普遍了。后来又有两方面的发展。第一是用尖劈当作发生极大压力的工具，最显著的例子是榨油机。图12表示元代王祯《农书》上所画的榨油机图。在日常工作中，一般地将两件牢固地管定在一处所用的楔子也都是属于这一类。第二是和杠杆合并应用，如剪刀、铡刀等，它们的种类和数量就更多了。

在过去书籍上所载的关于刃状工具和刃状兵器发明的资料也不少。如《古今事物考》上载着"神农作斧斤"（公元

图12　榨油机
（采王祯《农书》）

前3218年—公元前3079年）。《古史考》上载着"剪，铁器也，用以裁布帛，始于黄帝时"；《事务绀珠》上载着"凿，所以穿木，轩辕制"（以上都在公元前2698年—公元前2599年）。《说苑》上载着"孔子闻吾丘子振镰而哭"；《古史考》上载着"公输般作铲"；《事务绀珠》上载着"推刨，平木器，鲁般作"（在公元前530年左右）等等。不过这些记载的可靠性究竟有多大是有疑问的。不如就各地出土实物来推断发明年代相对更好一些。

二、杠杆

　　杠杆也是相对发明最早应用很普遍的一种简单机械。有的是直接加以利用，有的是同其他简单机械组织在一起共同完成一项工作。当人类已经知道用粗笨的石刀石斧的时候，可能早已知道利用木棒或木杆了。因为这样东西是更容易得到，更容易加工的。但是木质的工具不容易保存很长的年代，所以很古的木质工具没有遗留下来。甚至新石器时代石刀石斧等的木柄也没有遗留下来（凡有孔的石刀石斧等，当时绝大多数都是有过木柄的。这些木柄在工作时都起着杠杆的作用）。

　　我国有关利用杠杆的记载，以"权衡"为最早。《吕氏春秋》上载着："黄帝使伶伦取竹于昆仑之嶰谷，为黄钟之律，而造权衡度量。"若假定这种传说是大致可靠的话，则时间应在公元前2698年到公元前2599年。到春秋战国时应用得更为普遍。《墨子·经说下》："衡，加重于其一旁必捶，权重相若也。相衡，则本短标长。两加焉，重相若，则标必下，标得权也。"这显然是一种有关权衡的叙述。《庄子·胠箧》有"为之权衡以称之"及"掊斗折衡而民不争"的话；《孟子》也有"权然后知轻重"的话；都可以说明当时权衡的应用，已经相当普遍了。图13所示系最近湖南省出土的战国木衡（天平）及铜权。图14所示系南北朝时梁代张僧繇画的二十八宿神像图

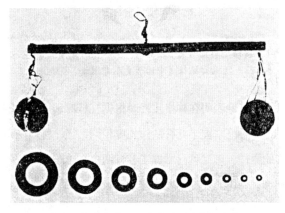

图13　长沙左家公山出土战国木衡及铜权
（采《全国基建工程中出土文物展览图录》）

图14　南北朝梁张僧繇画二十八宿神像图之一

（采郑振铎《中国历史参考图谱》）

之一。很清楚地表明在称量重物时根据杠杆原理所创造的天平和秤。第一种已掌握了杠杆两边长度相同，当平衡时两边重量即相等的原理。第二种已掌握了杠杆两边长度与重量的相乘积彼此相等，一边的长度不变，若变更重量，另一边的重量不变就应该变更长度的原理。

其次是灌溉或扬水用的桔槔。关于桔槔，可靠的记载

　　　　　　　中国机械工程发明史

以《庄子》为最早。《庄子·天地》："子贡南游于楚，反于晋。过汉阴，见一丈人，方将为圃畦。凿隧而入井，抱瓮而出灌。搰搰然用力甚多而见功寡。子贡曰：有械于此，一日浸百畦，用力甚寡而见功多，夫子不欲乎？为圃者仰而视之，曰：奈何？曰：凿木为机，后重前轻，挈水若抽，数如泆汤，其名为槔……"《庄子·天运篇》也载着："颜渊问师金曰：子独不见桔槔者乎？引之则俯，舍之则仰。"后来在贾思勰的《齐民要术》和王祯的《农书》上更是当作一种主要的灌溉机械。图15所示是汉代武梁祠壁画上所表示的桔槔图；

图15　汉武梁祠壁画上的桔槔图
（采《汉武梁祠画像考》）

图16 耕织图上的桔槔图

（采《康熙耕织图》）

图16所示是清康熙三十五年（公元1696年）焦秉贞所画的耕织图上的桔槔图。

其他利用杠杆原理创制的工具，如剪刀、铡刀、手钳、脚踏碓、水碓、抛石机及织布机上的脚踏板等等，实不胜枚举。图17所示是汉代武梁祠壁画上的织机。两个脚踏杆，都是杠杆的实例。

图17　汉武梁祠壁画上的织机图
（采《汉武梁祠画像考》）

三、滑车与轮轴

滑车这一种简单机械，在原理上可以说是由杠杆变化而来。更由它发展出辘轳、双辘轳、轮轴、绞车、较差滑车和复式滑车等等。在我国古代发明得也很早，应用得也相当普遍。

1. 滑车与辘轳

《物原》上载着"史佚始作辘轳"。史佚是周代初年的史官，如果这一记载是可靠的话，就是在公元前1100年左右就发明了辘轳。其次是春秋时期，根据魏西河同志的分析，《墨子·经下》第十二条曾叙述了一个用滑车的力学实验①（墨子是公元前500年左右的人）。同时公输般为季康子葬母所创造的转动机关和为楚国攻打宋国所创造的云梯，其中都有滑车的应用。最近成都扬子山出土的汉砖上有盐井图的一块和成都站东乡出土的陶井模型上边都有滑车的装置，如图18及图19所示。

图18　成都扬子山出土汉画像砖盐井图上所用的滑车
（采《全国基建工程中出土文物展览图录》）

---

① 魏西河："滑车与斜面的发现和使用以中国为最早"。《清华大学学报》第7卷第2期，1960年12月。

魏明帝时（公元227—239年）建凌云台，使韦诞写匾。挂上以后，看着不够好，便把他装在一个笼子里用辘轳引上去加以改正①。后赵（公元335—348年）石虎曾用辘轳回转凤凰衔诏飞下，谓之凤诏②。郦道元《水经注》上，"淄水"一条上也有"作转轮，造悬阁"的记载。

以上所说的几个实例都是单滑车或单辘轳的应用。就原理说，单滑车只有改变用力方向便于工作的效果，单辘轳

图19　成都站东乡出土的陶井及铜井架图
（采《全国基建工程中出土文物展览图录》）

① 张怀瓘《书断》："（韦诞）诸书并善，题署尤精，（魏）明帝凌云台初成，令诞题榜，高下异好。令就加点正，因致危惧，头发皆白。既下，戒子孙无为大字楷法。王僧虔：名书录，魏明帝起凌云台，误先订榜而未之题。笼盛韦诞辘轳引上书之。去地二十五丈。诞甚危惧。乃戒子孙绝此笔法。"

② 陆翙《邺中记》："石季龙与皇后在观上为诏，书五色纸，著凤口中。凤既衔诏，侍人放数百丈绯绳，辘轳回转凤凰飞下，谓之凤诏。凤凰以木作之，五色漆画，脚皆用金。"

则有加小力生大力的作用。因为回转柄的半径恒大于辘轳的半径，即加力点的速度大于生力点的速度，如图20所示。后来这种简单机械又向着下述四个方面有所发展。

图20 单辘轳

（采宋应星《天工开物》）

中国机械工程发明史

2. 双辘轳、花辘轳或复式辘轳

如图21所示，在同一个辘轳上装上两条绳子，在相反的方向缠绕着，下端各系上一个汲器。当满水的汲器被向上提的时候，空着的汲器就被下放。这样交替工作有两种利益。一是没有单辘轳的空放时间，辘轳向任一方向转动都是做工；二是下放的空汲器和绳子的重量对于所加的原动力有帮助，可以减少一部分所需要的原动力。且实际上因为空汲器和绳子的重量可以减少一部分原动力，多把辘轳的直径增大，这样工人出同大的力量在同一深度的井就可以少转若干周，间接着就可以省掉

图21 双辘轳

图22　矿井上所用的双辘轳

（采R.P.Hommel：*China at Work*）

一部分提水的时间。图22表示我国矿井上所用的双辘轳。这些结果，总起来说都是提高劳动生产率。因为在王祯《农书》上已有关于双辘轳的记载，可知至少在公元1313年以前早就发明了[①]。

3. 绞车

绞车实质上是辘轳的变相或发展。不过加力的横杆（相当辘轳的曲柄）更长，且经常是横杆的数目更多就是（辘轳曲柄

[①] 王祯《农书》卷十九："辘轳……或用双绠而逆顺交转，所悬之器虚者下，盈者上。更相上下，次第不辍，见功甚速。"

多是一个）。在日常工作中，凡起重引重需要大力的地方应用的很多。唯最早发明的时期还没有考察出来。在正史上，已经找到的有关绞车的记载只有下列一条，《晋史》卷一百七，石季龙（公元336年左右）："邯郸城西石子堈上有赵简子墓，至是季龙令发之。初得炭深丈余，次得木板厚一尺。积板厚八尺乃及泉。其水清冷非常。作绞车以牛皮囊汲之，月余而水不尽，不可发而止。"

又，曾公亮（公元998—1078年），《武经总要》前集卷十二："绞车，合大木为床，前建二叉手柱，上为绞车，下施四单轮，皆极壮大，力可挽二千斤。"

图23表示我国用绞车使船过闸的情形。由多数人同时推转几个较长的横杆（多用四个），结果使缠绕在中间较细的立轴

图23　用绞车使船过闸图
（采依·弗·库兹涅佐夫《中国科学技术史》）

上的绳索上发生很大的力量，提起船身使之过闸。图24表示用线图加以简化的情形。图25表示宋代所画《捕鱼图》上用绞车搬罾的情形。

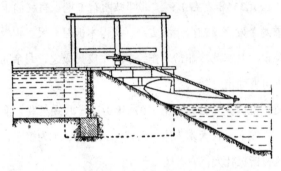

图24　同前（略图）

图25　用绞车搬罾图

（采《故宫周刊》第二百九十六期：宋人画《捕鱼图》）

4. 较差滑车

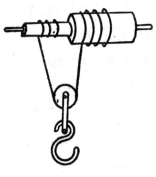

图26　较差滑车

较差滑车是把一个圆轴做成粗细两段。用它起重的时候，使悬挂系重滑车的绳索一头向较粗的一段缠绕，另一头由较细的一段下放。两边上升和下降差数的一半大体上等于重物上升的距离，如图26所示。倘粗细两段相差的直径很小，则滑车每转一周，重量上升的距离很小。根据"功的原理"（参考刘仙洲著《机械原理》第二章），结果就能用小力提起较大的重量。

这一种机械，在西洋的物理书上早就叫它作中国绞车（Chinese windlass），但是在我国的文献里边，还没有找到确实发明的年代。

5. 复式滑车

复式滑车也是用小力发大力的一种机械。它主要的结构也是使最后发力的一部分逐渐减低速度。仍参看图25，即宋代所画的《捕鱼图》，在杆上所装的同一个轴上，装上直径大小不同的两个滑车，使原动力一边，即人搬绞车的一边，转动较大的滑车，再由同轴上一个较小滑车的转动以牵动搬罍的绳索，这样就可以用较小的力量搬动较大的重量，使罍容易被搬起来。

到清代初年以后，凡升起或搬运重物时，采用复式滑车的实例就更多了。因为那时多半已受到西洋科学技术的影响，在第二编内再加以叙述。

四、斜面与螺旋

利用斜面可以省力的经验和应用，在我国日常生活中是很多的。如用斜梯升高，沿斜楼梯上楼，沿斜塔梯上塔（后一种有时并建成螺旋形），以及沿着盘道上山等都是常见的实例。只是在记载上得到的资料不多。

我国儿童玩具中有一种叫作竹蜻蜓的，和晋代葛洪（公元284—363年）著的《抱朴子》内篇卷十五上载的"……或用枣心木为飞车，以牛革结环，剑以引其机……上升四十里。……"无疑都是合于今日螺旋桨的原理。

清华大学魏西河同志在他最近写的"滑车与斜面的发现和使用以中国为最早"一篇论文里指出：《墨子·经下》二十八

中"不正，所挈之止于拖也"指的是在斜面上向上牵动重物，并指出：根据斜面角度的变化可使所需要的力量变更大小。我认为是正确的。这样看，关于斜面的发明，在我国至晚是在公元前500年左右。至于由斜面的原理发展成为螺旋，则在我国古代记载上还没有得到可靠的史料。

直到明代天启元年（公元1621年），茅元仪在他所著的《武备志》，天启七年（公元1627年）王徵所译的《远西奇器图说》及以后不久方以智（公元1640年左右）所著的《物理小识》中才都明确地提出螺旋来。但这都在公元1600年利玛窦来中国以后，无疑已受到西洋的影响，将来在第二编内再加以叙述。

就本章所有的叙述看，可知我国对于各种简单机械，除螺旋一种以外，都很早就有发明。

第三章　利用弹力、惯力、重力和减轻摩擦力、利用摩擦力以及采用连续转动以代替间歇运动等方面的发明

一、弹力的利用

在日常生活和生产里边，我国劳动人民利用弹力的例子很多。弹力并不是在我们本身以外找出来的原动力，它是把人力加在一种具有弹性的物体上，使它改变形状。当使它有恢复本来形状的机会时，它就要恢复原状，把加给它的力量仍旧给出来，以便于我们工作上的应用。也可以说：使具有弹性的物体把我们加在它上边的力量存储起来，当我们要利用这一份力量时，它仍旧给我们发出来。现在就四种实例叙述一下：

　　　　　　　　　　　　中国机械工程发明史

1. 弓和弩

利用弹力最早的工具应当是弹弓，其次是射箭的弓和弩。我们可以推想最早人类是先会用自己的手向着野兽和敌人投掷石块和棍棒等物的。后来为了达到较远的距离才发展为用具有弹性的物体以代替人手投掷，就是后来所谓"弹弓"的一种工具。再后才发展为弓和弩，被投掷的东西也改变为箭。不但达到的距离比较远，箭头也制成锋刃状，使射入的效率更高一些。吴越春秋上有"弩生于弓，弓生于弹"的话，就发展说是很合理的。它们工作的原动力都是利用弹力。

我国旧典籍上有关发明弓和箭的记载很多。《易经·系辞》上说："黄帝尧舜作，弦木为弧，剡木为矢。弧矢之利，以威天下。"《世本》上说："黄帝之臣牟夷作矢。"《太白阴经》上说："庖牺氏弦木为弓。"《山海经》上说："少昊生般始为弓。"《孙卿子》上说："倕作弓。"《墨子》上说："羿作弓。"《殷契卜辞》中也有弹和射等字。若只根据这些记载看，按发明于黄帝时期说，已在公元前2698年到公元前2599年。其实，就晚近出土的实物看，比这可能还要早一些。因为在新石器时代出土的实物中已经有了石镞。仰韶村发现的新石器时代的实物，除石镞以外，更有骨镞、贝镞及角镞

图27　石镞、骨镞及贝镞
（采原田淑人《支那古器图考》兵器篇）

等，可见当时已普遍使用了弓箭。时间在公元前三千年左右，即约有五千年的历史。图27表示安阳小屯出土的石镞、骨镞及贝镞。

为了射出的距离更远和同时射出的箭数更多，由弓又发展为弩。《古史考》上说："黄帝作弩。"《周礼·夏官》也有关于弩的记载。若就出土实物看，罗振玉所著的《古器物识小录》上载有"三代弩机"的机身。汉魏两代弩机实物出土的更多。总起来看，如果说弩创始于黄帝的时候，恐怕失之太早。但陆懋德在1927年《清华大学学报》第四卷第二期"由甲骨文考见商代之文化"一文上称："近时河南出土铜制弩机，其古

中国机械工程发明史

朴无字者或即商人遗物。"若断定弩机发明在周代以前或周代初年，即已有三千年以上的历史似乎是没有多大误差的。

弩和弓不同的地方：第一，它不是在射箭的时候才临时用手拉开，而是把弦拉开先管在一个扳机上，等要把箭射出去的时候把机搬开，再由弓把箭射出去。弦在扳机上扣着的时间可

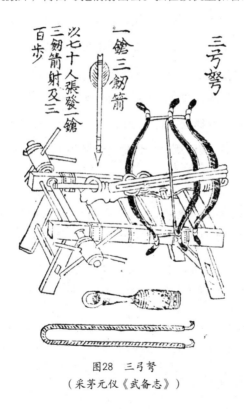

图28　三弓弩
（采茅元仪《武备志》）

长可短。第二，用弓射箭时，拉开弓弦的力量多仅限于一人的手力和臂力；用弩射箭，拉开弓弦的力量有用脚蹬的[1]和车绞的[2]等等方法。有时更把两张弓或三张弓合成一个弩，不但力量可以比较大，用的人数也可以比较多。图28表示由多人用绞车张开的三弓弩。三弓弩和双弓弩多装在一个床子上，所以也叫床子弩。图的左部系多人搬动的绞车，下部表示拉弦的绳索和打击扳机的椎子。第三，因为弦上所储蓄的弹力比较大，不但箭射得远，射的力量大，同时发出去的箭数也可以较多[3]。

以上所说的各种弩，当发射的时候仍旧是用人力搬动扳机或敲击扳机放开弩弦，把箭射出。此外还有一种自动的装置，或代替射猎，或射杀敌人，即把弩张好以后，当兽类或敌人走

---

① 沈括《梦溪笔谈》卷第十九，"熙宁中（公元1068—1077年）李定献偏架弩，似弓而施干镫，以镫距地而张之。射三百步。能洞重札，谓之神臂弓。"（宋）

② 杜佑《通典》："作轴转车……谓之车弩。"（唐）

③ 《三国志·诸葛亮传》，注："魏氏春秋曰……又损益连弩，谓之元戎。以铁为矢，矢长八寸。一弩十矢俱发。"

曾公亮《武经总要》卷十三，"双弓床弩，前后各施一弓，以绳轴绞张之。下施床承弩。……大者张时用十许人，次者五七人。……三弓床弩，前二弓，后一弓。张：时凡百许人。……其次者用五七十人。……系铁斗于弦上，斗中著常箭数十支。凡一发可中数十人。"（宋）

　　　　　　　　　　　　中国机械工程发明史

近时，一触机关，即被射中①。

总之，所有弹、弓和弩，能够把弹丸或箭射出去的力量都是利用弹力。

2. 锥井机

中国旧日的锥井机多采用一部分弹力。它的装置和弓弩的道理有些相似，如图29所示。把一捆竹竿弯成弓状，把锥具的上端用杆或绳系在弓弦的中间。当使锥具下行时，完全利用人力。不但使锥具向下锥，同时也使弓弦被拉下，储蓄一部分弹力。当锥具需要上行时，

图29　中国锥井机

---

① 《史记·秦始皇本纪》："……葬始皇郦山……令匠作机弩矢，有所穿近者辄射之。"余庆远《维西见闻纪》（见邸渊懿舟车所至汇刻），"药矢条，药矢及镞皆削竹而成。镞沾乌头汁，射中禽兽立刻麻木而僵。若穴地缚小羊于下，机绊穴口。虎豹至，以爪攫羊，机动矢发，中其胸胁，行数武即倒。"

即利用弓弦和竹竿的弹力拉它向上。我国旧日所用弹棉花的弹弓和织布的腰机也是利用弹力的实例。图30表示弹棉弓，图31表示腰机。

图30 弹棉弓
（采宋应星《天工开物》）

中国机械工程发明史

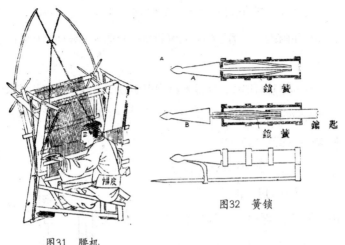

图31　腰机
（采宋应星《天工开物》）

图32　簧锁

3. 弹簧

我国利用弹簧的实例很多，最普通并且是种类很多的是簧锁。如图32所示，把几个弹簧片的一头固定在一个金属（铜或铁）杆上，使另一头离开一定的距离。当锁时使各弹簧片由一个狭隘的开口挤入锁内，由弹力自行展开，就自动地锁紧，如图中A。当要开时，用钥匙由下边一个开口伸入，把簧片向金属杆压紧，如图中B，就可以由原口推出来。更有一个很有意义的记载是北宋燕肃的一段故事。燕肃是我国北宋时代的一位大科学家，他曾制成过指南车和莲花漏等。在《归田录》和《宣和画谱》上都记载着他曾利用锁簧把一个鼓环装在鼓内的事①。

锁簧的发明年代，还没有得到很明确的记载，但在蔡侯墓出土的遗物里边已经有"锁形饰"，可知锁的发明一定远在春秋末年（约公元前500年）以前。

其次是一种叫作袖箭的武器，用一个短箭的下端向下压紧一个筒内的弹簧，再由一个扳机把它管住。用手把握在袖口以内。当遇到敌人的时候，要想用箭射他，就伸出手来，对准目标，搬动扳机，箭就由弹簧的弹力射出去。

又，在茅元仪《武备志》火器图说上的掷子也表示一种弹簧的应用，如图33所示。

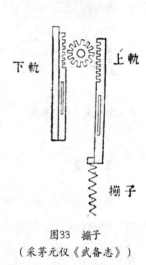

图33 掷子
（采茅元仪《武备志》）

---

① 欧阳修《归田录》："燕龙图肃有巧思。初为永兴推官，知府寇莱公好舞柘枝，有一鼓甚惜之。其环忽脱。公怅然。以问诸匠，皆莫知所为。燕请以环脚为锁簧内之，则不脱矣。"

二、惯力的利用

我国对于惯力的应用是相当早的。第一个著名的实例是汉代张衡在顺帝阳嘉元年（公元132年）所发明的地动仪[1]。关于这一项发明，远在八十年以前，日本和英国的学者就曾加以研究。我国人对于它的研究以王振铎先生为最早。他最后比较正确的推断是假定所谓"都柱"是一个上粗下细的立柱，周围装着八个曲杠杆。当地面一有震动，都柱就极容易向震的方向倒下去，压在震源方向一个曲杠杆的下端。当静止时如图34左边所示。在每一个曲杠杆的上端都装着一个龙首的上颌，与下颌相合衔定一个铜丸。当某一个曲杠杆的下端被都柱压下时，龙首的上颌就张开，所衔的铜丸就下落到正对着它的蟾蜍口中（如图34右边所示），发出声音，使掌管的人知晓，并能

---

[1] 《后汉书·张衡传》："阳嘉元年，复造候风地动仪。以精铜铸成。圆径八尺，合盖隆起，形似酒尊。饰以篆文山龟鸟兽之形。中有都柱，傍行八道，施关发机。外有八龙，首衔铜丸。下有蟾蜍，张口承之。其牙机巧制皆隐在尊中。覆盖周密无际。如有地动，尊则振，龙机发吐丸而蟾蜍衔之，振声激扬，伺者因此觉知。虽一龙发机而七首不动。寻其方面，乃知震之所在。验之以事，合契若神。"

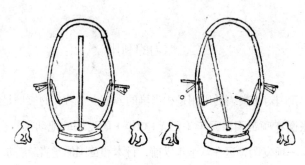

图34　张衡地震仪的主要机构
（根据王振铎先生的推断）

辨明地震来源的方向。后来清代康熙七年（公元1668年）吴明
烜又有一种类似的创议[①]。不过他是把都柱改为一个滚球。根
据球在铜盘上滚动的方向以推断地震来源的方向。原理上也是
利用惯力。其次是我国旧日所用的轧棉机（俗名轧车）。在它
上边由一个脚蹬的上下运动转变为一个轴的回转运动的那一部
分已经完全具备了飞轮的作用。如图35所示，在一个桌上固定
一个木架。架的上部横装着一个木轴，一个铁轴。木轴在下，
铁轴在上。铁轴上用一个钢刀（俗名劙刀）划上若干小沟，使
它的表面粗糙，以便易于抓住棉绒。两轴之间留有很小的狭

---

① 　《康熙实录》："康熙七年（公元1668年）五月……钦天监监副吴明烜疏
言……又地震方向，各有所占。请造滚球铜盘一座，并设台上……"

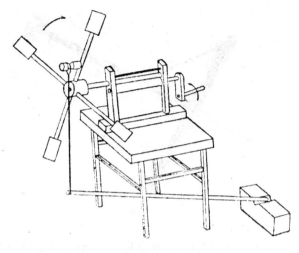

图35 轧车

缝。木轴右边一头装上一个小曲柄，由轧棉人的右手转动它。铁轴左边的一头装上一个飞轮（实际上多为一个"十"字形的木架，十字架的外端四个头上各装上一个重木块，转动起来具有飞轮的作用）。因为脚的力量只是蹬向下方，打算把脚的力量传到铁轴上去使它继续回转，非有飞轮的帮助不可。我们的先人能发明这样利用惯力的方法是很聪明的。它确实发明的时期还没有找出来，但元代王祯《农书》上已有记载，可知最晚应在公元1313年（《农书》写成的年代）以前。更有一种极有趣味地利用惯力的工具，就是所谓"舞钻"。它的构造如图36

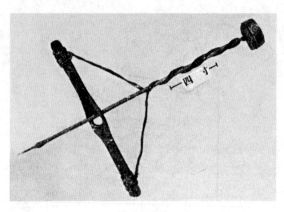

图36　舞钻

所示。在钻杆的上端装上一块重的圆木或圆石（长形的也可以），下边紧接着装上两条皮条，在同一方向缠绕着钻杆下行。下端再分开，分别装在一个长形横板的两端。横板中间备有一个圆孔，使钻杆很松地由中间通过。使用开始的时候，把两条皮条大部分都缠绕在钻杆以上，横板当然也偏在上方。然后把钻头放在要钻孔的地位，用一只手猛力向下压动横板，钻头受两条皮条转动钻杆的力量，就急剧地转动起来。但是，因为受上端重块的惯力，当横板已落到将近最下的地位时，手力一松，两条皮条就向反方向转动，又把横板提上去，然后使手再用力下压，钻头就又向原来的方向转动起来。用这种工具的优点是能用右手单独进行钻的工作，而用左手掌握着工件。

三、重力的利用

利用重力当原动力我国知道得也很早。最初是利用人的体重的一部或全部当作原动力。桓谭《新论》上记载着："伏牺之制杵臼，万民以济。及后人加巧，因延力借身重以践碓，而利十倍杵春。"因为用杵臼春米，完全是用人两臂肌肉的力量，比较容易疲劳。后来发展为用脚踏碓，借用一个长的杠杆，把杵头装在杆的一头，人把两臂扶在一个横杆上，或跨在两个平杆上。当用脚踏动碓杆的另一头时，即可借一部分体重做下压的力量。当脚松开时，杵头就自动地春下去，这样就比较省力，如图37所示。桓谭是西汉末年到东汉初年

图37　用脚踏碓
（采宋应星《天工开物》）

图38　翻车
（采宋应星《天工开物》）

的人，所以我国知道利用体重为原动力至少已有两千年的历史。后来用脚踏动为扬水灌溉用的翻车，也都是借用一部分体重，如图38所示。用脚踏动的车船也是属于这一类的。

在锥井机上，有时进一步借用人的全部体重当原动力。如图39的上部所示，把锥井的工具装在杠杆的一头，由两个人在另一头交替着登上去或跳下来，就能使锥具上下工作。或如图39的下部所示，由两个人在锥具的同一头上，坐上去或跳下来，也可以得到一样的结果。又如前边图29所表示的锥井图，在一个直径很大用竹木等制成的空轮里边，由几个人共同沿着某一方向爬行，他们的全部体重都使空轮回转，锥具因之上升；沿着相反的方向爬行，就使空轮向反方向回转，锥具因之下降。这也是利用重力为原动力的很好的实例。到明代晚年，1627年，王徵根据自鸣钟的原理

　　　　　　　　　　　　　　中国机械工程发明史

设计的自转磨和自行车①，更是在人体以外，完全利用物体的重量了（前一种系利用悬挂的重量，后一种系利用车上的载重）。

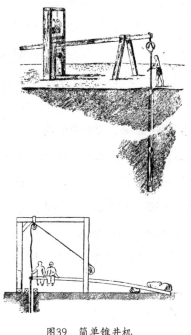

图39　简单锥井机

（采依·弗·库兹涅佐夫《中国科学技术史》）

---

① 刘仙洲："王徵与我国第一部机械工程学"。《机械工程学报》第6卷第3期，1958年9月。

四、减轻摩擦力与利用摩擦力

当一物体对于另一物体有相对运动并且互相接触着的时候，一定会发生摩擦力。在任何机械，这种摩擦力总是要消耗所加原动力的一部分。它的大小是和接触面的物质、两面间压力的大小及两个接触面粗糙的程度等有关。当接触面比较粗糙的时候，如果能够用一种滚动摩擦或者一种滚动摩擦和一种比较光滑的滑动摩擦把原来比较粗糙接触面的滑动摩擦代替掉，就可以使所费的原动力减去很多。就是说，做同样的工作可以省很大的力量。我国古代人民在这方面的发明是很早的。其中最主要的一项实例就是车的发明。根据记载，车发明于轩辕黄帝时代（公元前2698—公元前2599年），并且说是受到了飞蓬转动的启发[①]。近年来，在考古工作方面，发现甲骨文中的"车"

---

① 《淮南子》"说山训"："见飞蓬转而知为车。""泛论训"："为之剡轮建舆，驾马服牛，民以致远而不劳。"

《通典》："睹蓬转而为轮…复为之舆。舆轮相承，流转罔极。任重致远，以利天下。此车之始也。"

《路史》："绍物开智，见转风之蓬不已者，于是制乘车。横木为轩，直木为辕。以尊太上，故曰轩辕氏。"

字已有九个，金文中的"车"字已有二十二个，陶文中也有"车"字。第十三次在小屯发掘，曾发现一辆驾四匹马的战车遗迹[①]，更可断定在殷代以前早就有了车。因为在古代由开始有车发展到有四匹马驾着的战车，是需要相当长的时间的。

车的重要功用是当移动重物时，把重物对地面的滑动摩擦改为车轮对地面的滚动摩擦和车轴对轮毂中间或车轴对轴承比较光滑的滑动摩擦。结果大大减省了所需要的原动力。到周代更发明了用动物油做润滑剂（见《诗经·国风》，"泉水"）。到汉代又采用了钉铜（采用了铁的滑动摩擦面，见许慎《说文解字》及刘熙《释名》），更大大减轻了摩擦力。

我国劳动人民运转木石等重物时，多在下面横放若干铁的或木的滚柱，这也是用滚动摩擦代替滑动摩擦的实例[②]。实际

---

① 石璋如："殷墟最近之重要发现"。《中国考古学报》，1947年第二册。

　甲骨文的"车"字，据孙海波《甲骨文编》所收，共有九个。金文的"车"字，据容庚《金文编》所收共有二十二个。陶文中也有"车"字。第十三次在小屯发掘，发现了一辆驾四匹马的战车遗迹。可断定在殷代早已有了车。又在小屯发现了车马同坑，更可证明马系挽车之用。

② 吴兢《贞观政要·纳谏》："贞观四年（公元630年）……臣（指张玄素）尝见隋室（公元581—618年）初修此殿（指洛阳乾元殿），楹栋宏壮，大木非近道所有。多自豫章采来。二千人拽一柱。其下施毂，皆以生铁为之。中间若用木轮，动即火出。"

上用得很多。

又，《元史》卷四十八，天文志第一，郭守敬《造简仪法》上载着："……百刻环内广面卧施圆轴四，使赤道环旋转无涩滞之患。"这更是很明确地创用了滚柱轴承。最近英国Charles Singer等所著的《工艺史》（*A History of Technology*）第三卷第327页上载着："在达·芬奇（Leonardo da Vinci，公元1452—1519年）的笔记本上有关于滚柱轴承的草图，但是那时用得并不多。"在同一卷第658页上载着："公元1561年William Ⅳ的钟匠Eberhardt Beldewin制造的一个钟上曾采用了滚柱轴承。"

所以单就滚柱轴承说，我国的发明是早于西洋二百年左右（因为郭守敬是公元1231—1316年的人）。他的天文仪器是公元1276年所制。

后来又知道把车轮对地面的摩擦力当作一种传动的媒介，把车前进的运动间接传到其他机构，以达到一定的目的。最显著的实例如记里鼓车、指南车、舂车、磨车等（详见"中国在传动机或传动机件方面的发明"一章），它们都是利用车轮对地面的摩擦力把车前进的运动传达到其他机构上去，以表现一定的运动或发生一定的力量而做工。这也是一项很聪明的发明。

五、采用连续转动以代替间歇运动

当人类利用一种工具或一种机械做工的时候，开始多是间歇的。就是每隔一定的时间工作一次。中间无论或长或短，总有一部分浪费的时间，结果使劳动生产率不高。后来才发明用连续的转动代替间歇运动，以达到连续或接近于连续的工作，效率因之大大提高。我国劳动人民在过去几千年里边，在这方面的表现很不少，谨择要叙述如下：

1. 风扇

扇是使空气由一个地方流向另一个地方的工具。目的或是取凉，或是帮助冶铸，或是帮助分清轻重不同的籽粒等。在罗颀所著的《物原》上说："舜始造扇。"如果认为可靠的话，已有四千年以上的历史。但开始的时候，它的动作一定是间歇的。到西汉时，丁谖就发明了轮扇。《西京杂记》上载着："长安巧工丁谖（有用缓字的）……作七轮大扇，皆径丈，相连续。一人运之，满堂寒战。"后来，在农器里，分开籽粒的飏扇或扇车，更是完全达到了用轮形的风扇以连续扇风的目的。王安石（公元1021—1086年）"和农具诗十五首"中第二首就是咏飏扇的[1]，可见最晚在北宋就已经发明了。

王祯《农书》卷十五上载着："飏扇。集韵云：飏，风飞也。扬谷器。其制中置簨轴，列穿四扇或六扇，用薄板或糊竹为之。复有立扇卧扇之别。各带掉轴，或手转足蹑，扇即随转。凡舂辗之际，以糠米贮之高槛，底通作匾缝，下泻均细如帘。即将机轴掉转扇之。糠粞既去，乃得净米。又有异之场圃间用之者，谓之扇车。凡蹂打麦禾等稼，穰糺相杂，亦须用此风扇。比之杴掷箕簸，其功多倍。"图40系《天工开物》上的"扇车图"，现在北省通用的和这一样。图41系同书上的"飏扇

图40　扇车
（采宋应星《天工开物》）

① 宋李雁湖《王荆公诗笺注》卷十五。

图41　飏扇

（采宋应星《天工开物》）

图"。此图表示得不够完全，但轮扇一部分表示得比较清楚，
又原动力是用足蹑。

　　用于冶铸方面的鼓风器，开始时系用韦囊，后来用马排、
水排（详见第四章图53），都是向一个方向运动时扇风，回行
时风就停止。后来发明风箱，虽说仍旧是没有脱离往复运动，
但除去扇风板到达两极端的一点时间以外，基本上已能达到
连续扇风的目的，所以没有向轮扇方向发展。图42表示风箱的

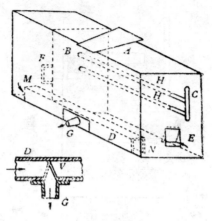

图42　风箱

构造。图中A是一个木制的箱（也有不少采用圆筒形的），中间装置一个扇风板B。箱内左下方附有一个方形管，俗名叫作炕。前后MN两口都和箱内通着，中间有一个向外的风口G。风口的内部有一个活阀V，可使空管的前半和后半交替通于风口，如附图所示。E与F为箱两端的两个活阀，只能向里开，使空气只能由外部入箱，不能由箱外出。用时，推扇风板之柄向前，则扇风板后的空气稀薄，压力降低，外部空气遂压开E门向箱内流入。同时扇风板前的空气浓厚，压力升高，F门被压紧闭，扇风板前的空气由箱流入空管，推活阀V使之向右，并经过出风口G而吹入冶炼炉中。反之，若拉扇风板之柄向后，则一切与前相反，扇风板后的空气由箱流入空管，推活阀V使之向左，并经过出风口G而吹入冶炼炉中。如此往复推拉，箱中高压的空气几乎是连续地吹出，能使炉火盛燃。图43表示风箱正在工作的情形。

此管流出 铁成生 坩子锅

图43　风箱正在工作情形
（采宋应星《天工开物》）

2. 石砲与火炮

我国古代的所谓砲，都是"以机发石"。有的把一个长杆的下头固定住，用力搬或拉它的上头，使它储蓄一定的弹力。利用这种弹力把石块打到敌人那边去。有的把一个杠杆的中间装在一个可以旋转的横轴上，上端装一个兜子，兜住石块。再由多人用多条绳索同时猛拉下端，把石块抛到敌人那边去。宋代曾公亮所著的《武经总要》上载的五梢砲、七梢砲等，都是这一类的实例。在所有这些办法中，他们的运动都是间歇的。

三国时马钧（公元230年左右）曾试验用车轮使石块连续地飞出去。《傅子》上载着："……（马钧）又患旧发石车，中敌则坠石不能连属而至。欲作一轮，悬大石数十，以机鼓轮如常，则以断悬石飞击敌城，使首尾电至。尝试以车轮悬瓴甓数十，飞之数百步矣。"

后来火炮也有同样的发展。当开始发明火炮的时候，动作当然是间歇的。后来，先发明了所谓连珠炮，就是几个炮筒并在一起，可以连续着点火打出去。到明代天启元年（公元1621年）茅元仪所著的《武备志》卷一百二十三上载着车轮炮的计划。它的示意图如图44。书上的说明如下："每轮辐条十八根，长一尺四寸。每条左右傍铳二杆。……铳内装火药铅子。

图44 车轮炮

（采茅元仪《武备志》）

一骡驮架二轮。架中绽铁转柱。以皮条护铳口以固药子。连木架约重二百余斤。三军附之。如临敌，将架置地，先取一轮安架柱上，随其高低转打。二军可执七十二人之器也。"就说明看，可知一架车轮炮上装着三十六个炮。如一骡驮二轮，就共有七十二个炮，可以连续着点火打出去。

3.由"桨船"发展为"车船"

由桨船发展为车船，即使船前进由间歇运动的桨发展为连续转动的轮形桨，也是一个很好的例子。根据已得到的资料，这一发明可能是由祖冲之（公元423—500年）开始的。《南齐书·祖冲之传》上载着："又造千里船，于新亭江试之，日行百余里。"若用间歇运动的桨，是不容易达到这样速度的。其次即唐代李皋所发明的战舰，很明显的是一种车船了。《旧唐书·李皋传》上载着："……常运心巧思为战舰，挟二轮蹈之，翔风鼓疾，若挂帆席。"宋代陆游《老学庵笔记》上载着："钟相杨么，战舡有车船，有桨船。……官军战船亦仿贼车船而增大。……至完颜亮入寇，车船犹在，颇有功云。"《宋史·虞允文传》上载着："……亮至瓜州，允文与存中临江按试。命战士踏车船，中流上下，三周金山，回转如飞。敌持满以待，相顾骇愕。……"这都说明改为连续运动的轮形桨以后，船的速度大大地提高了。图45表示车船。茅元仪《武备志》上叫作车轮舸。

4. 由桔槔辘轳发展为翻车、水车及筒车

桔槔和辘轳都是间歇的由低处向高处扬水的机械。到东汉毕岚和三国马钧就发展为翻车，唐代又发展出水车和筒车（都详本书其他章节）。它们的运动就由间歇的变为连续回转的了。

中国机械工程发明史

图45 车船图
（采茅元仪《武备志》）

就本章所有的叙述看，可知我国在利用弹力、惯力、重力
方面，在减轻摩擦力和利用摩擦力方面以及在采用连续运动以
代替间歇运动方面，都有很早的发明。

第四章　中国在原动力方面的发明

在第一章第三节曾说过：无论在哪一个民族，当发明机械的初期，所需要的原动力仍是出自本身。后来最重要的一步发展是在本身以外能利用其他的原动力。起始时是先找到了利用牲畜力，后来更发明了利用风力、水力和热力。结果使机械对于人类的劳动生产率越来越提高了。

对于以上所说的四种原动力的发明或发现，在我国历史上是有着光荣的记录的。现在谨根据已经得到的资料，有系统地叙述如下。

一、牲畜力

人类发明利用牲畜力为原动力应当是很早的。当由狩猎时代转入畜牧时代，就是说：狩猎时捕获的野兽一时吃不完，把它们养起来，准备捕不着的时候再吃，甚至使它们孳生幼小的。在这种长期养着牲畜的时候，就很容易想起利用它们的力量来替自己做些什么。尤其是人类发明了车以后，很自然地就会联想到利用牲畜力来拉车。

就我国根据传闻的记载看，车和利用牛马的起始：

《古史考》上说："黄帝作车。"

《物原》上说："伏牺始乘牛马。"

《古史考》上说："少昊时驾牛，奚仲驾马。"

《世本》上说："奚仲作车。"

《荀子》上说："奚仲作车乘。"杨倞注："奚仲，夏车正。黄帝时已有车服，故谓之轩辕。此云奚仲，亦改制也。"

《世本》上说："胲作服牛，相土作乘马，禹时奚仲制马车。"

《吕氏春秋》上说："奚仲作车。"

《吕氏春秋》上说："王冰作服牛。"

《新语》上说："于是奚仲乃桡曲为轮，因直为辕，驾马服牛，以代人力。"

我国古代的记载，因多系得之传闻，可能不够确实，甚至有的不见得可靠。假定发明了车以后，才知道利用牲畜力，则最远为黄帝时，即公元前2600多年以前，距现在已有4500多年的历史。若相信起始于奚仲，则在公元前2200多年以前，距现在也有4000多年的历史。又从第三章第61页注①来看，可知至少在3000年以前（殷代是公元前1401年—公元前1122年），中国已有了四匹马拉的战车。用一头牛或一匹马拉的简单的车，一定相对早得多。又，人类的智慧发展到能够发明简单的车的时候，一定早就能利用牲畜力了。

其次，我想谈一谈我们利用牲畜力的发展：

1. 利用牲畜力为农业方面的原动力

利用牲畜力为农业方面的原动力，在我国社会上极为普遍。除运输方面，如拉车驮载等以外，最显著的有以下三方面：第一，是利用牲畜力耕田及播种；第二，是利用牲畜力以舂谷、碾米及磨面；第三，是利用牲畜力带动翻车及筒车以灌溉田地。

关于利用牲畜力耕田及播种的记载，有下列三项：

王祯《农书》卷一上说："……至春秋之间始有牛耕用犁。山海经曰，后稷之孙叔均始作牛耕。"

《前汉书·食货志》上说："武帝晚年……以赵过为搜粟都尉……其耕耘下种田器，皆有便巧。用耦犁，二牛三人，一岁之收常过缦田晦一斛以上。善者倍之。……以故田多垦辟……用力少而得谷多。……至昭帝时，田野益辟，颇有蓄积。"

《全后汉文》崔寔"政论"："武帝以赵过为搜粟都尉。教民耕殖。其法三犁共一牛，一人将之，下种挽耧，皆取备焉。日种一顷。今三辅尤赖其利。"王祯《农书》卷八引用这一段话以后，说："按三犁共一牛，若今三脚耧矣。然则耧之制不一，有独脚，两脚，三脚之异。若今燕赵齐鲁之间，多用两脚耧。关以西有四脚耧，但添一牛，功又速也。"

我国利用牲畜力耕田，王祯《农书》上说是起始于春秋时代（公元前770年—公元前475年），恐怕失之较晚。根据郭沫若院长对甲骨文的研究，似乎可以推断在殷代武丁时已经用牛拉犁了[①]。又因为孔子的弟子有叫冉耕字伯牛的，也可以证明用牛拉犁开始比较早。但是利用牛来播种可能是创始于赵过（汉武帝由公元前140年—公元前87年）。因为赵过是我国第一位大农业机械家。《汉书·食货志》上说他对于"耕、耘、下种、田

---

① 郭沫若《古代刻文汇考》，释𠜍勿，"盖𤱎𤱎实释（犁）之初文。𤱎，耕也。此字从刀，其点乃象起土之形。其从牛作𤱎若𤱎者亦即释字从牛之意。"甲骨文字多系象形，"𤱎"字既解释为起土的犁，旁边或下边有一"牛"字，似乎可推断为那时即已用牛拉犁。又，他说"𤱎"字出现于武丁之时（公元前1324—公元前1286年），即已有三千二百多年的历史了。

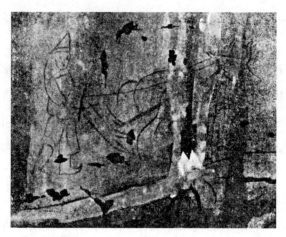

图46　三脚耧

山西平陆县枣园村汉墓壁画（山西省博物馆供给）

器，皆有巧便"和他所得到的农业增产的结果，都可以证明。

又，王祯《农书》上说"三犁共一牛"是三脚耧，也是正确的。直到现在，陕西省仍沿用着这种三行播种器。《农书》上叫作耧犁。若是耕田的犁，一牛绝拉不了三个。

总起来说，我们可以推断：大约在三千多年以前，我国就发明了利用牲畜力耕田；在两千多年以前，我国就发明了利用牲畜力播种。

关于利用牲畜力以砻谷、碾米及磨面的记载，王祯《农书》卷十五上有以下的记载：

"砻……所以去谷壳也。……编竹作围，内贮泥土，状如小磨。仍以竹木排为密齿，破壳不致损米。……或人或畜转之，谓之砻磨。复有畜力挽行大轮轴，以皮弦或大绳绕轮两周，复交于砻之上级，轮转则绳转，绳转则砻亦随转。计轮转一周则砻转十五余周。比用人工既速且省。"参看图47。

图47　畜力砻
（采宋应星《天工开物》）

"碾……以粝石甃为圆槽，周或数丈，高逾二尺，中央作台，植以簨轴，上穿干木，贯以石碡，有用前后二碡相逐者……畜力挽行，循槽转碾，日可得米三十余斛。"参看图48。

图48　畜力碾
（采宋应星《天工开物》）

　　　　　　　　　中国机械工程发明史

"磨，石硙也。世本曰，公输般作硙。……多用畜力挽行。……凡磨上皆用漏斗盛麦，下之眼中，则利齿旋转，破麦作麸，然后收之筛罗，乃得成面。"参看图49。

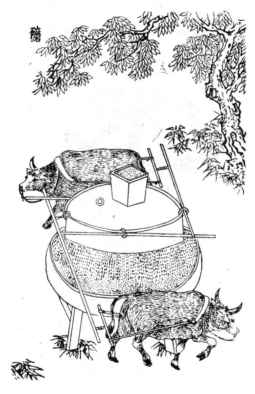

图49　畜力磨
（采宋应星《天工开物》）

《农书》上只对于磨一种，根据《世本》上的记载称为公输般所作。其他均没有给出发明的年代来。但是我们可推断，至少应在二千年以前。

　　关于利用牲畜力带动翻车及筒车以灌溉田地的记载，《农书》上有牛转翻车及驴转筒车两种，如图50及51所示。发明年代，书上没有说明；但在南宋初年，马远所画的《柳阴云碓

图50　牛转翻车
（采宋应星《天工开物》）

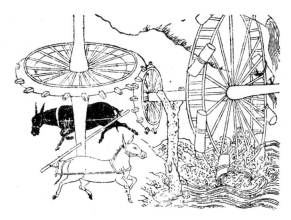

图51 驴转筒车
（采徐光启《农政全书》）

图》①上已有牛转翻车，即至少已约有750年的历史。至驴转筒车，即就《农书》写成的年代（公元1313年）说，也有650年左右的历史了。

2. 利用牲畜力为工业方面的原动力

利用牲畜力为工业方面的原动力，我找到了四种史料：（1）在冶铸工业上鼓风；（2）汲卤；（3）纺纱；（4）轧蔗取浆。

---

① 《故宫周刊》第四百八十四期。

（1）在冶铸工业上鼓风

我国在冶铸工业方面的发明和创造是很好并且是很早的，由商周时期的古铜器就可以知道。在冶铸工作方面最重要的一种工具是鼓风器。我国在冶铸工业上所用的鼓风器，最初是一种革囊。《集韵》上叫作"橐"，《玉篇》上叫作"韛"；都读作"排"音。所以后来就改用"排"字。《玉篇》上说："韛，韦囊也。可以吹火令炽。"在汉墓壁画上曾表现它的轮廓。北京历史博物馆根据王振铎先生的推测加以复原，如图52所示。

图52　革囊鼓风
（采汉墓壁画复原照片，其时陈列在中国历史博物馆）

中国机械工程发明史

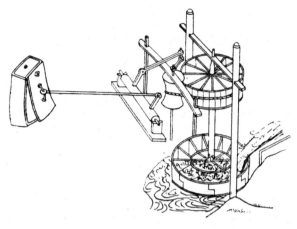

图53　水排图

（采王祯《农书》，稍加改正）

王祯《农书》卷二十，"水排"一段上说："……此排古用韦囊，今用木扇。"古时用以吹火的韦囊，不明了它的构造，但大致可参考前段的复原图。他说的改用木扇，可在《农书》水排图上看出一个大概（参看图53）。只是木扇周围，应改为封闭的，下部箱底并应改成弧形，效率才能提高。

就以上记载看，我国在冶铸工业上所用的鼓风器，最初是用革囊，其次改用木扇，最后更大进了一步，改为近代所用的风箱。它所用的原动力，最初当然是人力，就是到现在，最普遍的也还是用人力。但是就我所得到的史料看，是曾经采用过牲畜力，后来更发展到利用水力。

　　关于利用牲畜力为冶铸时鼓风的原动力的史料有：《三国志》，《魏书·韩暨传》："后迁乐陵太守，徙监冶谒者。旧时冶作马排（原注：为排以吹炭），每一熟石，用马百匹。更作人排，又费功力。暨乃因长流为水排。计其利益三倍于前。在职七年，器用充实。"

　　马排的构造没有详细说明，但根据由马排发展出来的、在王祯《农书》上所画的水排的情形，可以大致推想如图54所示。在一个立轴上装上一个或两个横杆，由马拉着它转动，再在立轴上部装置一个大绳轮，用一个绳套带动一个小绳轮。在小绳轮上装上一个曲柄（王祯《农书》上叫作掉枝），再由一个连杆和另一个曲柄传到一个卧轴，使它发生摆动。更由卧轴上的一个曲柄和另一个连杆以推动鼓风器的木扇，使它往复摆

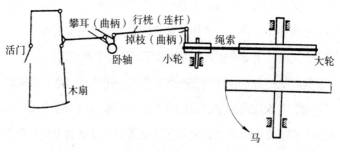

图54　推想的马排机构

动，就达到鼓风的目的了。

因为水排发明在公元31年（详后63页），如果它是由马排发展而来，我们就可以推断：至少在两千多年以前，我国就利用牲畜力为冶铸工业的原动力了。

（2）汲卤

《天工开物·作咸》上载着："凡蜀中石山去河不远者，多可造井取盐。盐井周圆不过数寸。……大抵深者半载，浅者月余，乃得一井成就。……井及泉后，择美竹长丈者，凿净其中节，留底不去。其喉下安消息（按：活门），吸水入筒。用长缩系竹沉下。其中水满，井上悬桔槔辘轳诸具。制盘驾牛，牛曳盘转，辘轳绞缩汲水而上，入于釜中煎炼。……"在同一书上载着，当凿深井的时候，也是用这种原动力。实际上就是用牛回转一个大绳轮，绳的一端再经过一个导轮和辘轳系上凿井的工具或装卤的长竹筒。当牛拉着大绳轮转动时即行上提，如图55所示。

《天工开物》上所叙述的各项工业向不说明开始的年代。唯我国四川的火井，在西汉即有记载，盐井的年代当和它相同，甚至更早。因火井系利用天然气煎炼提上的卤水使它成盐，如果不先有盐井，则火井是无用的。所以至少应已有两千年的历史。

图55　牛拉绳轮汲卤图
（采宋应星《天工开物》）

（3）纺纱

利用牲畜力纺纱，仅见于元代王祯所著的《农书》上。其中卷二十六上载着"大纺车"一种，其记载如下：

"大纺车，其制长二丈余。阔约五尺。先造地柎木框，四角立柱，各高五尺。中穿横桄，上架枋木。其枋木两头山口，卧受卷繀长軐铁轴，次于前地柎上立长木座，座上列臼，以承蟠底铁簨。蟠上俱用杖头铁环以拘蟠轴。又于额枋前排置小铁

中国机械工程发明史

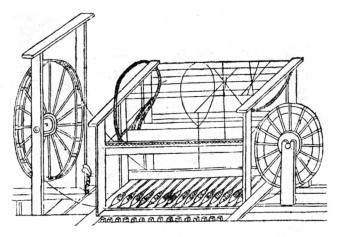

图56　大纺车
（采王祯《农书》）

叉，分勒绩条，转上长軒。仍就左右别架车轮两座，通络皮弦，下经列轑，上拶转軒旋鼓，或人或畜转动左边大轮。弦随轮转，众机皆动。上下相应，缓急相宜，遂使绩条成紧，缠于軒上。昼夜纺绩百斤。……中原麻布之乡皆用之。"其情形如图56所示。

《农书》上没有提出这种大纺车发明的年代，但单就《农书》的年代说，至少有650年左右的历史了。

（4）轧蔗取浆

利用牲畜力轧蔗取浆或制糖的情形如图57所示。

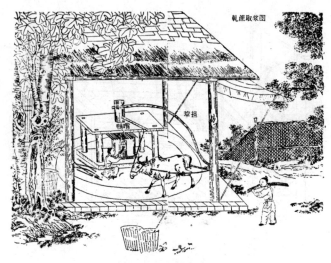

图57 轧蔗取浆
（采宋应星《天工开物》）

　　《天工开物》上叫它作造糖车。对于它的构造记载得相当详细。"凡造糖车制，用横板二片，长五尺，厚五寸，阔二尺。两头凿眼安柱，上榫出少许，下榫出板二三尺，埋筑土内，使安稳不摇。上板中凿二眼，并列巨轴两根（按：两个辊轴，原注称：木用至坚重者），轴木大七尺围方妙。两轴一长三尺，一长四尺五寸。其长者出榫安犁担。担用曲木，长一丈五尺，以便驾牛团转走。轴上凿齿，分配雌雄。其合缝处须直而圆。圆而缝合，夹蔗于中，一轧而过。……蔗过浆流。再拾

　　　　　　　　　中国机械工程发明史

其滓，向轴上鸭嘴扱入，再轧又三轧之，其汁尽矣。……"

这种机械在我国南方各省产蔗糖的地区仍在沿用，唯不知确实创始于何时。

宋代王灼[①]《糖霜谱》第四上载着："糖霜户器用：曰蔗削，如破竹刀而稍轻。曰蔗镰，以削蔗，阔四寸，长尺许，势微弯。曰蔗凳，如小机子，一角凿孔立木叉，束蔗三五挺阁叉上，斜跨凳剗之。曰蔗碾，驾牛以碾所剗之蔗，大硬石为之，高六七尺，重千余斤。下以硬石作槽底，循环丈余。曰榨斗，又名竹袋，以压蔗，高四尺，编当年慈竹为之。曰枣杵，以筑蔗入榨斗。曰榨盘，以安斗，类今酒槽底。曰榨床，以安盘，上架巨木，下转轴引索压之。……"就这一记载看，宋代制造蔗糖仍是用碾碾碎，然后用一种压榨机把蔗浆压出，再行熬炼。所用的石碾似与我国西南部今日仍在使用的石碾相同，所用的原动力同样是牲畜力。所用的压榨机似与我国今日若干地区仍在使用的造酒榨床相同。如果这样推测是正确的话，则上述轧蔗取浆的造糖车的发明时期可能在宋代以后。但至晚也在

---

① 王灼的生卒年月还没有考查出来。但《糖霜谱》第六内提到"宣和初宰相王黼创应奉司"的话；书后又有绍兴三十四年（公元1164年）卧云庵守元的跋语，可知《糖霜谱》约成于北宋末年或南宋初年，即在公元1130年左右。

宋应星著《天工开物》以前。

总起来说，我国知道利用牲畜力为原动力的时期是很早的。就记载说，至少也在四千年以前。实际上可能还早得多。约三千多年以前即知道用牲畜力耕田；二千多年前，即知道利用牲畜力拉动马排以供冶铸。后来更利用在凿井、汲卤、纺纱和轧蔗等工作。

近一百多年来，在人类利用原动力方面，因热力和水力发展得很快，牲畜力似乎是处在次要地位，但是因为利用方便，在不少国家，尤其是农业国家，所利用的原动力，牲畜力仍占很重要的地位。

就我国说，根据1939年全国农情汇报上的统计，牛马骡驴四种主要牲畜共计50557000头，若平均按两个牲畜力相当一个机械工业上的马力计算，全国仍有二千五百多万马力，较之目前其他的原动力还多一些。可以看出它对于我们生产方面的重要性。

二、风力

人类知道利用风力为原动力，时间也是很早的。应当是仅后于牲畜力。就我国记载上所得到的资料看，大体上可分为下列三个方面。即：（1）利用风力以表明风的方向；（2）利用风力为一种原动力以帮助行船及行车；（3）利用一种风轮把风的直线冲动力改变成一种回转运动，以便做种种工作。现在分别叙述如下：

1. 利用风力以表明风的方向

这一类多系把一种轻的羽毛或绸帛（有极少数用薄铜片的）做成一个鸟形，装在一个杆子上，使它能够按着风的方向自动地旋转，头部总向着风吹来的方向。有立在宫中的，有立在衙署的，有立在船上的，有立在军营的，更有立在一个车上，当皇帝出行的时候走在车驾之前的。名称也有相风乌、伺风乌、相风竿、占风旗及相风乌舆，等等。有关这一种的记载如下：

后唐马缟所著的《中华古今注》上载着："伺风乌，夏禹所作也。禁中置之，以为恒式。"

清代刘岳云所著的《格物中法》上载着："《淮南子》，若绲之候风也。""《晋书》，车驾出，相风在前。刻乌于竿上，名曰相风竿。""《太平御览》，引兵书，五两候风法，以鸡羽五两，建五丈旗，取羽系其巅，立军营中。""《开元遗事》，五王宫中，各立长竿，挂五色旌于竿上，四垂缀以金铃。如铃有声，即往视旌之所向，可以知四方风候。"

《宋史·舆服志》上载着："相风乌舆，上载长竿。竿杪刻木为乌。垂鹅毛筒，红绶带，下承以小盘，周绯裙。绣乌形，舆士四人。"

宋人所著的《万花锦绣谷》上载着："晋车驾出，相风在前，刻乌在竿上。名曰相风竿。今檣乌乃其遗意。"坡诗注："又长安有灵台，高十丈，上有相风铜乌。遇千里风乃动。"（《初学记》）

清汪汲所著的《古愚消夏录》上载着："宋将颖叔为江淮发运，尝立占风旗于署前以候之。"

2. 利用风力为一种原动力以帮助行船及行车

图58　船帆
（采《图书集成》）

当人类最初发明利用风力的时候，无疑是先利用它在直线方向发生的一种压力或推力，以帮助人力的不足。船上用的帆就是极显著的实例，如图58所示。

风的方向若和船前进的方向相同，那是最好不过了，因为这样可以利用风力的全部。风的方向若是

中国机械工程发明史

对于船前进的方向有倾斜度，可以一面控制帆的位置，一面用舵以矫正船前进的方向，也可以利用风力的一部分。但是这就需要比较高的智慧了。

一般的方法是在帆樯上把帆偏着装上，使一边宽些，一边窄些。在宽的一边的边缘上系上绳。按照绳的松紧以变更帆的位置，间接以适应风的方向。这是很合乎力学的一种发明。按理论说，风向对船向的倾斜度若只在90°之内，就有一部分风力可以利用。

《物原》上说："燧人以瓠济水，伏牺始乘桴，轩辕作舟楫……夏禹作舵加以篷碇帆樯。"

《物原》上说帆是夏禹所发明，还没有其他的根据，但是甲骨文里边的"凡"字𠔼及𠔼[①]，有人认为就是后来"帆"字的原始字。按象形说似乎是很有理由，可见即使不是禹所发明，也晚不了多久，即最少也有三千多年的历史了（殷代由公元前1401年—公元前1122年）。到汉代刘熙所著的《释名》上已有了"帆"字，并解释说："帆泛也，随风张幔曰帆。"可能凡是"帆"的原始字，后来因为用布帛之类制成，才加上一个"巾"字旁。

———————————

① 朱芳圃《甲骨学·文字编》第十三。

图59 手推车上加帆
（周旭东同志供给）

我国青岛附近，有在手推小车上加帆的，如图59所示。最近吴学蔺同志对我说，吉林省冬季，也有在冰床上加帆的。唯都不知创始的年代。原理上和船上加帆是一样的。

3. 利用一种风轮把风的直线冲动力改变为一种回转动力，以便做种种工作

我国在这一方面有两种很好的发明，并且都是把直线方向的风力加以控制，使一个轴发生回转运动，以便做种种工作。在利用风力上来看，是前进了一大步。其中立帆式一种更是我国所独有的。

中国机械工程发明史

第一种是在江苏无锡一带所看到的，它的式样有些和荷兰式风轮相似。但是比较简单，没有它那个固定的建筑物。由四个或六个帆装成一个轮形，带动一个横轴转动，再用一条绳和两个绳轮或一条链和两个链轮把横轴的运动传到接近地面的另一个横轴上。这一个接近地面的横轴就是扬水的翻车（我国俗名很多，如龙骨车、水龙、水蜈蚣、水车等）的上轴。这样当风力推动风轮转动时，就传到下轴带动翻车扬水。

　　这一种风轮的缺点是没有适应风向的装置，每当风向有变更的时候，要用人力搬它一下，使它总是正对风向。

　　这一种风轮发明的年代还不十分清楚，它很可能是由风车发展而来。多年以来，我国儿童在年节时所玩的风车，在原理上是和风轮完全相同，唯风轮是由风力吹动，在一定的地方旋转。风车则有风的时候，可以站在一定的地方由它旋转；无风的时候，儿童就高举着它，向一定的方向跑，使它得到有风的结果，也会同样地旋转。因为风车这种东西，在辽阳三道壕东汉晚期汉墓的壁画上已有表现，可知至少已有一千七百多年的历史。明代刘侗等所著的《帝京景物略》卷之二，春场上载着："……剖秫秸二寸，错互贴方纸其两端。纸各红绿。中孔以细竹横安秫竿上，迎风张而急走，则旋转如轮。红绿浑浑如晕，曰风车。"

近时所见的，相对更有进步。不用方纸块，而代以多数纸条，由秫秸制一轮形，把各纸条的一端贴在轮毂上，外端则依次贴在轮缘上，唯使扭转约90°的角度。当有风时，使迎风而立，无风时立直前趋，则旋转如轮。更在轴上装置一个或两个小横板（相当一个或两个凸轮），每旋转一次，就击动一个或两个具有弹力的小横杆一下（通常是把小横杆绞在两条小绳之间），杆

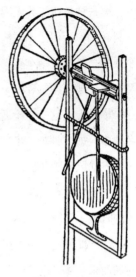

图60　小孩风车图

的他端就敲一个小鼓一下。实在是具有风轮、凸轮、杠杆及弹簧等合并作用的一种玩具。其构造如图60所示。

后来宋应星所著的《天工开物·乃粒》上有："扬郡以风帆数扇，俟风转车，风息则止。"在方以智著的《物理小识》卷之八上也载着："……用风帆六幅，车水灌田，淮扬海堭皆为之。"则更达到完全为农业服务的程度。

图61是新中国成立之初华东区农业科学研究所农具系所改良的式样。它加上了自动变更方向的装置和风力过大时防备风

图61　江苏一带的风轮

图62　立帆式风轮

轮被破坏的装置。其余的部分仍旧保留原来的形式。

　　另一种是在大沽和塘沽一带所看到的。我们可以叫它作"立帆式"。当地有叫作"走马灯"式的。图62表示它的外形。图63可表明它的装置和工作的原理。

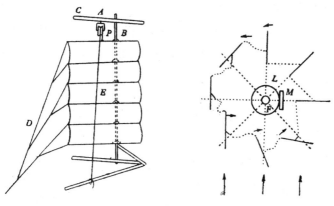

图63　立帆式风轮动作的原理

这一种风轮的构造，可以说是直接由船帆变化成功的。将同大的八个船帆，各偏装在一个直立的杆上，即外边的一部分比较窄，里边的一部分比较宽，如图63B处所示。各帆的正中上端则各由一绳E系之。此绳经过滑车P下行而系于下部的横杆上。各帆的里边用D绳拉着，D绳的长度以当帆面与风向垂直时恰能使绳拉紧为度。

因帆的正中线落在B杆的里侧，帆的全体又能绕B杆转动，故当全轮旋转时，每一帆转到顺风的一边，就自动地和风向垂直，结果所得的风力最大。转到逆风的一边，就自动地和风向平行，结果所受的阻力最小。此种作用不受风向改变的影响，即风无论从哪个方向吹来，风轮总是向同一个方向回转。这是这种风轮设计上最妙的一点。

当风力过大的时候，就松E绳使帆下落一段，帆所受的风力自然减小，风轮回转的速度不致失之太大，甚至使全轮受损。

又，图上F表示中间的立轴，其下端平装一个斜齿轮L，和旁边横轴上立装的一个斜齿轮M相衔接，就可以把所发的原动力传到外部。我国沿海产盐地区，用这种风轮扬海水的很多。唯创始的年代和发明人还没有考证出来。但宋代盛如梓所著

《蔗斋老学丛谈》上载着《湛然居士集》①咏河中府风景诗里边有"……园林无尽处，花木不知名，冲风磨旧麦，悬碓杵新粳"的句子，似乎金末元初已有了利用风力的磨，即至少已有七百多年的历史，唯是不是利用的立帆式，不够十分明确。

总起来说，我国对于利用风力的发明是很早的，按构造来说，更有独特创造之点。

三、水力

我国对于水力的利用，发明得也是很早的，并且利用的方面很广。现在就已经得到的史料分别叙述如下：

1. 用水的上浮力

我国对于水力的利用首先是它的上浮力。最早的实例就是"刻漏"或"铜壶滴漏"。

我们用刻漏以表示时间，发明得很早。《隋书·天文志》上说："黄帝创观漏水。"刻漏是否创始于黄帝很不容易断定。但是《周礼》上夏官里有挈壶氏，所以若推断刻漏的发明

---

① 《湛然居士集》是金末元初耶律楚材（公元1190—1244年）著。

已有三千年左右的历史，似乎是可以的。

刻漏的构造，就《古今图书集成》历法典上所指出的，各代微有不同，所用的壶数也不一样。如图64、图65所示。但主要的是利用水的上浮力则完全一致。又水由一定大小的出口在一定时间流出的量和水面的高度有关；打算在一定的时间流出的量恒为一定，就必须保持一定的水面高度这一个规律，创造刻漏的时候是已经掌握了的。

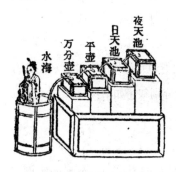

图64　唐代吕才刻漏
（采《图书集成》）

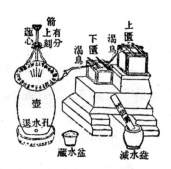

图65　宋代燕肃刻漏
（采《图书集成》）

广州所存元代延祐年间的铜壶滴漏，它的记载上说："……四壶分四层，上三层底隅有孔，以漏水铜筧承之，以次相注，滴入箭壶。昼漏卯初一刻上水，夜漏酉初一刻上水。壶中有壶箭，随水之高下而出见壶面。箭上刻时刻分数。水加一刻时，漏浮一刻。与壶平面，昼夜箭刻尽矣。"

《宋史·方技下》，"僧怀丙传"上载着："河中府浮梁，用铁牛八维之。一牛且数万斤。后水暴涨绝梁，牵牛没于河。募能出者。真定僧怀丙以二大舟实土，夹牛维之。用大木为权衡状，钩牛，徐去其土，舟浮牛出。"

明代李卓吾所著的《初潭集》上也有同样的记载，并说明时间是在治平中（公元1064—1067年）。

历史上这一类的记载是不少的，如曹冲的用船称象，文彦博的用水浮球，都是对于水的上浮力有认识的。

2. 用水力拉风箱和筛面

关于利用水力拉风箱的记载，最早的是《后汉书·杜诗传》："……建武七年（公元31年）迁南阳太守。造作水排，铸为农器，用力少而见功多，百姓便之。"注云："冶铁者为排吹炭，令激水鼓之也。"其次是本章牲畜力一项所引的《三国志·魏书·韩暨传》上所载的一段，因为韩暨是南阳人，他很可能受到杜诗水排的影响。

在王祯《农书》卷二十所记载的水排的构造如下："……其制当选湍流之侧，架木立轴，作二卧轮，用水激转下轮，则上轮所周弦索，通激轮前旋鼓掉枝（按：曲柄），一例随转。其掉枝所贯行桄因而推挽卧轴左右攀耳以及排前直木，则排随

图66　水排模型
（现陈列在中国历史博物馆）

来去，扇冶甚速，过于人力。"所绘原图有不甚合理的地方，今斟酌改画如前图53所示。中国历史博物馆复原的模型如图66所示。

　　由一般的常识推想，由人排一跃而发展为水排是不容易的。若先发展为马排，再进一步只改变原动力，就是说不用马力而用水力，但机构上改变不大，就比较自然了。

　　在王祯《农书》卷二十又载有"水击面罗"一种。他叙述

　　　　　　　　　　　　　　中国机械工程发明史

说："水击面罗，随水磨用之，其机与水排俱同。罗因水力互击椿柱，筛面甚速，倍于人力。"其构造如图67所示。

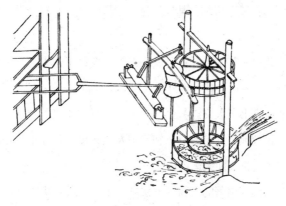

图67　水击面罗图
（采王祯《农书》，稍加改正）

由以上两种记载看，我国在一千九百多年以前就发明了用水力回转一轮，并用一曲柄连杆机构由回转运动改变为一杆的摆动或直线的往复运动，使能拉动水排，后来更发展到能够筛面。

3. 用水力为天文仪器的原动力

我国发明用水力为天文仪器的原动力，自后汉张衡（公元78—139年）以后，历史上不断有简略的记载。

《晋书·天文志》："……张平子既作铜浑天仪，于密室中以漏水转之。令伺之者闭户而唱之。其伺之者以告灵台之观天者，曰：璇玑所加，某星始见，某星已中，某星今没，皆如合符也。"

《北史·艺术传》："耿询造浑天仪，不假人力，以水转之。施于暗室中，使智宝外候天时，动合符契。……"

《新唐书·天文志》："……诏一行与（梁）令瓒等，更铸浑天铜仪园天之象。具列宿赤道及周天度数。注水激轮，令其自转，一昼夜而天运周。……"

在宋代苏颂著的《新仪象法要》上，记载得更为详细，并附有总图和分图。图68和图69表示六十多个图中的两个。

它的原动力部分是使平水壶里的水面恒保持一定的高度（这一点和铜壶滴漏一样，可看作是根据铜壶滴漏而来），结果能使平水壶每一定时间内向外流出的水量恒保持一致。这样就能使全机构第一个原动轮，就是接受平水壶的水的"枢轮"（图68中间的大轮）在一定时间内转动一定的角度，再由齿轮系传到其他部分以表示时间或发出一定的动作。（详后第五章）

后来北宋末年王黼和元代郭守敬也都利用水力做过天文仪器的原动力。

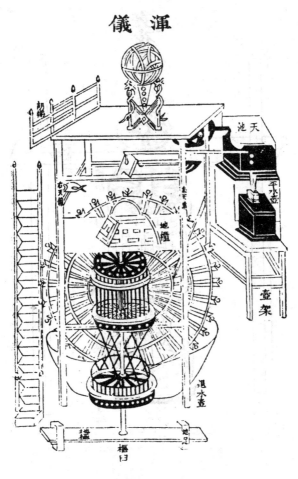

图68 水运仪象图
(采苏颂《新仪象法要》)

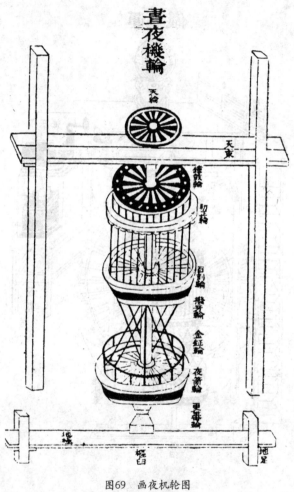

图69 画夜机轮图
（采苏颂《新仪象法要》）

总之，我国在一千八百多年以前，就发明用水力为天文仪器的原动力了。

4. 用水力为舂米的原动力

我国利用水力以舂米的机器叫作水碓。在这方面已得到下列的史料：

《物原》："后稷作水碓，利于踏碓百倍。"

桓谭《新论》："伏牺之制杵臼，万民以济。及后人加巧，因延力借身重以践碓，而利十倍杵舂。又复设机关，用驴骡牛马及役水而舂，其利乃且百倍。"

《后汉书·西羌传》："水舂河漕（注：水舂即水碓也），用功省少而军粮饶足。"

《太平御览》辑孔融"肉刑论"："贤者所制，或逾圣人。水碓之巧，胜于斫木掘地。"

高承《事物纪原》："晋杜预作连机之碓，藉水转之。"

《世说新语》俭啬篇："司徒王戎既贵且富，区宅、僮牧、膏田、水碓之属，洛下无比。"

《南史卷·祖冲之传》："……于乐游苑造水碓磨，武帝（公元483—493年）亲自临视。"

《晋书·王戎》："……性好兴利，广收八方园田，水碓周遍天下。积实聚钱，不知纪极。"

王祯《农书》卷二十："杜预作连机碓。……王隐《晋书》曰，石崇有水碓三十区。今人造作水轮，轮轴长可数尺，列贯横木，相交如滚枪之制。水激轮转，则轴间横木间打所排碓稍，一起一落舂之，即连机碓也。"参看图70。

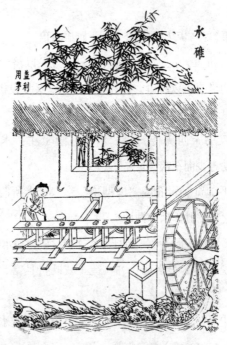

图70　连机水碓
（采宋应星《天工开物》）

就以上所有的记载来看，可知我国水碓的发明至晚应在前汉（后稷作水碓，恐不可靠），即已有二千多年的历史。因桓谭系前汉末年到后汉初年的人，成帝时（公元前32年—公元前7年）就担任过奉车郎，水碓的发明当在他写书以前也。而且到晋代的时候已相当发展，不但推广得已很普遍，且发展成为连机碓。

这种发明，直到现在还被我们社会上所利用。在抗战期间，笔者在广西桂平和四川青木关等地都看到过。在青木关是用它捣碎做香的碎末的。在横轴上装着四排拨板。每排四个，作用一个碓杆。而且全机十六个拨板在轴上所装的位置都彼此错开，使水轮的回转力比较均匀。在青木关见到的更有一个特点，就是用两半个竹筒把中间的横节去掉，由上游引水注到两头的轴承，以减轻摩擦所产生的热。这两点在原则上都具有相当高的意义。

5. 用水力为碾米磨面的原动力

在这方面已经得到的史料如下：

《南史·祖冲之传》："于乐游苑造水碓磨，武帝亲自临视。"

《魏书·崔亮传》（约公元500年）："亮在雍州，读杜预传，见为八磨，嘉其有济实用，遂教民为碾。及为仆射，奏于张方桥东堰谷水造水碾磨数十区，其利十倍，国用便之。"

《洛阳伽蓝记》，景明寺："……至正光年中（公元520—524年）……碾硙舂簸，皆用水功。伽蓝之妙，最得称首。"

《北齐书·高隆之传》："高隆之……天平初（公元534—535年）……领营构大将军……又凿渠引漳水，周流城郭，造治碾硙，并有利于时。"

以上各项记载说明自晋代以后，水碾水磨也都有了大大的发展。水力大的地方，更有用一个水轮带动两个上至八九个磨者，谓之水转连磨。也有用一个水轮同时带动水碓、水砻及水磨三种加工机械者。水磨、水碾及连二水磨参看图71、图72及图73。

又，在王祯《农书》卷二十上更设计了一种所谓"水轮三事"的装置。在一个水轮的立轴上，中间装一磨，周围更装一碾槽。且磨的上半更可改换成砻，如此则用一个水轮即可得到碾、磨和砻的三种功用，如图74所示。

在《晋书·杜预传》里，没有《魏书·崔亮传》上所说的记载，或系别有所本。且就晋代水碓等发展的情形来看，当时已发明了水碾和水磨是极可能的。故水碾和水磨等应已有一千六百多年的历史了（杜预是公元222—284年的人）。

图71 水磨

（采宋应星《天工开物》）

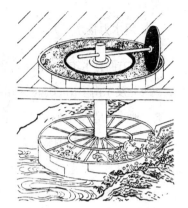

图72 水碓

（采宋应星《天工开物》）

图73 连二水磨

（采徐光启《农政全书》）

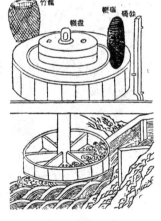

图74 水轮三事

（采王祯《农书》）

6. 用水力扬水

在这方面有水转筒车和水转翻车两种。水转筒车，在我国西南、西北及东南多山的地区采用得很多。在兰州用黄河的水以灌溉田地的也是这一种，且尺寸较大。它的构造如图75所示。

在一个水轮的周围装置若干倾斜的小水筒。当水轮被水冲着转的时候，带着装满水的小水筒也随着转动。当小水筒转到高的地位，就自动地把水倒在一个接水的槽里，向一边流出，最后流到田里去。

图75　水转筒车
（采《图书集成》）

图76　水转翻车
（采宋应星《天工开物》）

中国机械工程发明史

水转翻车的构造，如图76所示。翻车部分的构造和利用人力或风力转动的翻车完全相同。只是原动力是利用一个水轮，中间并用两个齿轮传到翻车的转轴上去就是。

这两种利用水力以扬水的机械，不知道发明的年代。但是唐代刘禹锡著的《刘宾客文集》上载有"机汲记"一文，就是记载的水转筒车，可知最晚也有一千一百年的历史了。

7. 用水力纺纱

在王祯《农书》卷二十上有"水转大纺车"一种记载。他说："水转大纺车，比大纺车之制。……但加所转水轮，与水转碾磨之法俱同。中原麻苧之乡凡临流处所多置之。"就图上看，似乎是用水轮带动一个大绳轮，用一条大绳在纺纱机的另一端带动另一绳轮。在两绳轮之间的一段绳索带动若干纺纱的锭子同时转动，如图77所示（原图不够清楚）。图78表示中国历史博物馆把它复原后的模型。在《农书》上，王祯并没有说明创始的年代，但是就按著书的年代说，至少也有六百四十多年的历史了。

总之，我国开始利用水力为原动力，至晚在西汉末年，即至少已有二千多年的历史，并且在应用方面发展得很广。绝大部分是对于人民的生活或生产有帮助，更是很显著的特点。

图77　水转大纺车

（采徐光启《农政全书》）

图78　水转大纺车复原图

（其时陈列在中国历史博物馆）

　　　　　　　　　　　　　　　　　中国机械工程发明史

四、热力

我国对于利用热力为原动力，发明得也很早。唯除去对于军事上有相当的表现外，对于人民的生活上没有表现出什么应用来，这是一个很大的缺点。有些很重要的发明，始终没有脱离玩物的阶段。根据已得的史料分别叙述如下。

1. 燃气轮的始祖——走马灯

已经得到的有关记载有以下五种：

在金盈之《醉翁谈录》上载着："上元自月初开东华门为灯市。十一日车驾谒原庙回，车马自阙前皆趋东华门外，如水之趋下，辐之凑毂。又有……镜灯、字灯、马骑灯、凤灯、水灯……诸灯之最繁者棘盆灯为上。是灯于上前为大乐坊，以棘为垣，所以节观者，谓之棘盆。……开封府奏衙前乐。选诸绝艺者在棘盆中飞丸、走索、缘竿、掷剑之类。……"

在范成大（公元1126—1193年）《石湖居士诗集》卷二十三，"上元纪吴中节物俳谐体三十二韵"上，有"转影骑纵横"的句子。自注："马骑灯。"

在姜夔（公元1163—1203年）《白石道人诗集》"观灯口

号十首"之七，有"纷纷铁马小回旋，幻出曹公大战年"的句子。

在周密《武林旧事·灯品》上有"……罗帛灯之类尤多。或为百花，或细眼间以红白号万眼罗者，此种尤奇。此外有五色蜡纸菩提叶。若沙戏影灯，马骑人物，旋转如飞……"的记载。

《乾淳岁时记》上也有同样的记载："灯品至多，若沙戏影灯，马骑人物，旋转如飞。"（乾道元年至淳熙十六年，为公元1165—1189年）

走马灯的构造如图79所示。在一个立轴的上部横装上一个叶轮，俗名叫作"伞"。各叶片的装置方法和灯节时小孩玩的风车相似。叶轮的下边，在立轴下头的近旁，装一个灯或一个烛。当灯或烛燃烧的时候，所生的燃气上腾，推动叶轮，使它发生回转。立轴的中部，沿水平方向纵横装上几根细铁丝（普通多装四

图79 走马灯

中国机械工程发明史

根）。每根铁丝的外头都粘上纸剪的人马等。把以上所说的各物都装在一个纸糊的灯笼里边。当夜间把灯或烛燃起来以后，纸剪的人马随着叶轮和立轴旋转。把它们的影子投射到灯笼的纸上，由外面看起来非常的有趣。更有在前面多装一个外层的。使它只占下部的一小半，不使它遮住中部的影子，并在内外两层之间装上几个纸剪的人。使它们的手、脚或头部由一条或几条细铁丝通到内层，一面在内层立轴的下部横装上一条细铁丝，使这个细铁丝每次回转到前面的时候，就拨动由外层伸入的细铁丝一次。结果外层的纸人就发生一定的动作。

这种发明在过去一千多年以来，始终是一种玩物。但它是我国第一个利用热力使一个轴带着其他的附件转动并能传达到另一件上去使它发生一定的动作的发明。就原理说，应当看作是最近二十余年来才真正达到成功的燃气轮的始祖。

我国这一种发明的年代，就前边叙述的五种史料看，金盈之记载的是北宋都城开封的事。范成大和姜夔则都是南宋高宗时的人，所以推断走马灯的发明至晚在公元1000年左右当毫无疑问。但是我国在上元节玩灯的习俗，自唐代就盛行了。在上面第四、五两项史料中，都有"……若沙戏影灯，马骑人物，旋转如飞"的说法。若把后两句看作是补充说明影灯的，则影灯本身就应当是走马灯。影灯是原名，马骑灯或走马灯是俗名。而在唐代即有影灯的记载，如陈元龙《格致镜原》上引郑处海《明皇杂录》："上在东都遇正月望夜，移仗上阳宫，大陈影灯。……"《说郛·影灯记》："洛阳人家上元以影灯多者为上，其相胜之辞，曰：千影万影。"《全唐诗》，崔液"上元夜六首"之二："神灯佛火百轮张，刻像图形七宝装，影里如闻金口说，空中似散玉毫光。"如果影灯即是走马灯，则发明时期应提早三百多年。

欧洲在公元1550年才有一种雏形燃气轮的记载[①]。它的构造是：在一个烟筒里边装上一个立轴，立轴上部也是平装一个和我国走马灯所用的同样的一个叶轮。当下边火炉里的燃气上腾的时候，叶轮上各叶片受到它的冲动力就发生回转。立轴的下头再装上齿轮等传动的机件，最后能使在火上正在烤肉或烤鸡的横杆自动回转。这一发明和我国的走马灯完全相同，但在时间上落后了七百多年。

2. 火箭及其发展

火箭这一种武器，全世界都承认是我国最先发明的。因为它也是能够由热力变换为机械力并且发出相当的功，所以也应

---

① J.A.Moyer: *Steam Turbines*, p.224。

当归入热力发动机一类。

在流体力学上，我们知道，当定量的流体用高速度由压力较高的地方向着压力较低的地方喷射，它就发出相当的反动力。若是这种反动力作用在一个能发生运动的物体上，它一定沿着反动力的方向发生运动。这就是火箭的原理。

我国各地在年节的时候所玩的起火（有的地方叫作"流星"）、二提脚（一种爆竹，点着以后，先在地上响一声，然后自动地升到空中一定的高度，再响一声，各地可能也有不同的俗名）和灯炮（一种更进步的二提脚，在空中响后并放出若干的亮光来），它们所有上升的力量都和火箭所利用的力量相同。

在我国旧典籍上，有关火箭的记载很不少。现在提出下列数项以供参考：

《魏略辑本》："诸葛亮进兵攻郝昭，起云梯冲车以临城。昭以火箭逆射其云梯。梯燃，梯上人皆烧死。"

《北史·王思政传》："东魏太尉高岳等率步骑十万众攻颍川，杀伤甚众，岳又筑土山以临城……思政射以火箭，烧其攻具。"

《宋书·杜慧度传》："……其年春，卢循袭破合浦，径向交州。慧度乃率文武六千人拒循于石碕。……慧度自登高舰合战，放火箭雉尾炬，步军夹两岸射之。循众舰俱然。一时散溃，循中箭赴水死。"

王应麟所编《玉海》卷一百五十上载着："开宝二年（公元969年）三月冯继升岳义方上火箭法，试之，赐束帛。"

王棠所著《燕在阁知新录》上载着："宋太祖开宝二年，冯继升岳义方上火箭法。"

《宋史·兵志》："开宝三年……兵部令史冯继升等进火箭法。命试验，且赐衣物束帛。"

《宋史·兵志》："咸平三年（公元1000年）八月，神卫水军队长唐福献所制火箭、火球、火蒺藜。"

《宋会要辑稿》："真宗咸平三年（公元1000年）八月，神卫兵器军队长唐福献亲制火箭、火球、火蒺藜。"

曾公亮（公元998—1078年），《武经总要》前集卷十二上载着："放火药箭，则加桦皮羽，以火药五两贯镞后，燔而发之。"

《续文献通考·兵考》："金太宗天会八年（公元1130年）四月，梁王宗弼以舟师与宋韩世忠战于江。……世忠以海舰进泊金山下，分两道出金兵背。……宗弼命善射者乘轻舟以火箭射之。烟焰蔽天，宋军大溃。"

《襄阳守城录》："开禧二年（公元1206年）四月，……

赵公淳被命提兵守襄阳……凡近城茅竹屋并附仓库者悉撤去……以防火箭。……至夜，虏贼运竹木云梯……至城下，公密论四隅兵官将预办火药箭炮石等分布……公令先用火药箭射烧番贼所搬竹木草牛……"

《辛巳泣蕲录》："宁宗嘉定十四年（公元1221年）金兵围蕲州。……添造五稍炮五座，旋风炮十座，又牒催造木弩五百张……同日出弩火药箭七千支，弓火药箭一万支……我军又以火箭射之。……仍施火箭烧断道头。"

南宋宝祐年间（公元1253—1258年）李曾伯所编的《可斋杂稿·上广南备御事宜奏》里边载着："……今静江见在铁火炮大小止有八十五只而已。如火箭则止有九十五支，火枪则止有一百五筒。……以此应敌，岂不寒心。……"

《续文献通考卷·兵考》："元世祖至元十二年（公元1275年）七月，宋张世杰等以舟师万艘驻焦山东。每十船为一舫，联以铁索，以示必死。阿珠登石公山望之，曰：可烧而走也。遂选强健善射者千人，载以巨舰，分两翼夹射。阿珠居中，合势进击。继以火矢，烧其蓬樯，烟焰涨天。"

以上十四项记载，前三项虽说已经有了"火箭"的名称，但一定是在普通的箭上带着正在燃烧的东西射出去以引起燃烧。因为在那时还没有火药发明的记载，发明真正的火箭是不可能的。第四到第九项，是不是真正的火箭，也不敢肯定。

在后五项所说的"火箭"、"弓火药箭"和"弩火药箭"，有一部分是真正的火箭。因为在记载上有时称火箭，有时称火药箭，更有时称弓火药箭及弩火药箭。弓火药箭及弩火药箭一定是在用弓弩射出的箭上装着到达目标以后就能够引起燃烧的火药。在公元1621年茅元仪《武备志》卷一百二十六上载有"弓射火柘榴箭"一种，似乎就是一种弓火药箭。如图80所示。

它的记载如下：

"将后火药用绵纸二三层，中树箭杆，用药傍根包成石榴样。外加麻布缚紧，以松脂熬化封固。又用纸糊，油过，药线眼向前开。铁镞须要锋利。倒钩。燃药线发火，方可开弓放去。一着人马篷帆，水浇之不灭。"

由火药喷射推进的火箭究竟是什么时候开始的，还是一个应当进一步研究的问题。就原理上说，有了所谓"起火"或"流星"的发

图80　弓射火柘榴箭
（采茅元仪《武备志》）

　　　　　　　　　中国机械工程发明史

明，就很容易发明这一种火箭。因为在"起火"的前端装上一个箭头就成了火箭。

在周密（公元1232—1298年）所著《武林旧事》，"西湖游幸"一节上载着"……烟火起轮，走线流星"的话，可见当时在烟火一种玩物中早有了"流星"。我们若推断在公元1250年前后就发明了由火药喷射推进的火箭应当是正确的。

图81表示茅元仪《武备志》上所画的火箭。它的构造和起火完全相同，只是在顶端装上了一个箭头，尾端装上了一些鸟羽。

图81　火箭
（采茅元仪《武备志》）

石荣暲所著的《元代征倭史》上引《日本国辱史》，说："元世祖忽必烈至元十一年（公元1274年）及十八年（公元1281年）两次远征日本，都曾用过真正的火箭。"

《明实录》："洪武四年（公元1371年），廖永忠进兵瞿塘关……发大炮火筒夹击，大破之。其将郑兴中火箭死。"

明代李同芳所著的《皇明将略》上载着："沐英（明太祖时大将）……平缅蛮叛……我军火箭铳炮，连发不绝。……"

在外国著作上，如O.G.Sutton所著的《飞行科学》（*Science*

of Flight）及Herbert S.Zim所著的《火箭与喷射》（*Rockets and Jets*）等书中，都认为公元1232年（宋理宗绍定五年，金哀宗天兴元年，元太宗四年）汴京之战，金人已用了真正的火箭，其情形如图82所示。但是就着《金史》上的记载看，所用的是一种火药喷筒，并不是真正的火箭。

《金史·赤盏合喜传》："……正大九年（天兴元年，公元1232年）……大兵（指元兵）又为牛皮洞，直至城下，掘城为龛，间可容人。……人有献策者，以铁绳悬震天雷，顺城而下，至掘处火发，人与牛皮皆碎进无迹。又飞火枪，注药，以火发之，辄前烧十余步。人亦不敢近。大兵唯畏此二物云，四月罢攻。"

就以上的记载看，可知中国发明的火箭计分两种：一种主要是为引起燃烧用的，最早的记载是在三国时代（公元240年

图82　火箭前进情形
（采Herbert S.Zim：*Rockets and Jets*）

　　　　　　　　　　　　　　中国机械工程发明史

左右）；一种是利用火药喷射推动箭的前进，发明于公元1250年前后。在南宋及元初可能是两种并用，到明初以后，则第二种用得较多。

又据明代初年的几种文献及茅元仪在公元1621年所著的《武备志·火器图说》上所载的看来，火箭到后来更有两方面的发展：

第一方面是火箭的式样。它的箭头不只是普通的箭头形状，更有刀形箭头、枪形箭头、剑形箭头、燕尾形箭头等。名为飞刀箭、飞枪箭、飞剑箭及燕尾箭等。

第二方面是同时发出去的箭数增多。

《续文献通考》引《明会典》："洪武初，设军器鞍辔二局。永乐时，北京设局亦如之。又曰：二局成造火器，三年一造。碗口铜铳三千个，手把铜铳三千把，铳箭头九万个……兵仗局造火车、火伞、大将军、二将军、三将军……一窝蜂、神机箭。……"

明洪武十年（公元1377年）焦玉所著《火龙神器阵法》中，"火龙神机柜"一条上载着："火龙柜者，用木做柜，外画龙文五彩，内藏神机火龙箭三十六支。用药制纸作筒，中藏发药。杆用箭竹，头装铁镞。……柜后总于一信。百柜共三千六百支。号炮一响，则百柜齐发，杀贼甚众。……"

同一书上载着："百虎齐奔箭……一发百矢，威力甚猛。……"

《明实录·永乐》："建文二年（公元1400年）……李景隆等合军六十万，号百万，列阵以待。我师进薄之，……敌藏火器于地，其所谓一窝蜂者……着人马皆穿。"

王鸿绪《明史稿》："火器……天顺八年（公元1464年），延绥参将房能言麓川破敌，用火器曰九龙筒，一线然则九箭齐发。"

在茅元仪所著的《武备志》卷一百二十七上记载的种类更多，如火弩流星箭，同时发箭十支；一窝蜂，同时发箭三十二支；四十九矢飞廉箭，同时发箭四十九支；百矢弧箭、百虎齐奔箭，同时发箭百支。这些都是把多数的火箭装在一个筒里。把各火箭的药线都连到一个总线上。用的时候，把总

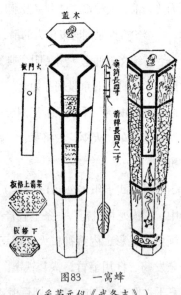

图83　一窝蜂
（采茅元仪《武备志》）

线点着，传到各箭上，就一齐射出去。图83表示"一窝蜂"的装置。《武备志》上的记载如下：

"木桶箭贮神机箭三十二枝。名曰一窝蜂。……可射三百余步。……总线一燃，众矢齐发。势若雷霆之击，莫敢当其锋者。"

3. 雏形的喷射飞机

在Herbert S.Zim所著的《火箭与喷射》一书上，他记载着一个更重要的故事。对我国来说，是更应当大书特书的。因为他们都承认这是第一个喷射飞机的雏形。他是这样写的："约当14世纪之末，有一位中国的官吏名叫Wan Hoo，他在一个座椅的背后，装上四十七个当时他可能买到的最大的火箭，如图84所示。他把自己捆在椅子的前边。两只手，各拿着一个大风筝。然后叫他的仆人用火同时把这四十七个大火箭点着。他的目的是想借着火箭向前推进的力量加上风筝上升的力量飞向前方。"结果当然是在浓烟和火焰里边挨一下摔完事。但是我们应当知道：他当时的想法是具有很高的原则性的。现在最进步的最新式的喷射飞机，原理上是和这个一样的。所以Zim称他是"第一个企图使用火箭做运输工具的人"。又称他是"第一次企图利用火箭做飞行的人"。

图84 喷射飞机的始祖

（采Herbert S.Zim：*Rockets and Jets*）

这一个已经载在外国人所写的书上，并且是一个很重要的发明故事，在我国书上还始终没有找到。这位Wan Hoo先生的中文姓名是什么，我也始终没有找到。我曾推想他或者姓"万"或者姓"完"，但只是乱猜一阵，毫无结果。后来我想，在那个时代，军队里有"万户""千户"等官名，也许Zim参考的那个手抄本上是记载的官名，他误把它当作姓名了。

4. 雏形的飞弹

根据明代的几种史料和茅元仪所著的《武备志》，知道我国在明代初年根据火箭和风筝的原理，更发明了雏形的飞弹。

明洪武十年（公元1377年）焦玉所著的《火龙神器阵法》（北京图书馆善本室存有翁文端公手抄本）上载着一种雏形飞弹和一种所谓"神火飞鸦"的武器。后来茅元仪《武备志》上所载的两种，很可能是根据同一来源，因为绘图完全一样。

明代施永图所著的《武备心略》上所载的震天飞炮一种火器，说："其炮径三寸五分，用篾编造。中用纸捏一筒，长三寸。内装送药。筒上安发药。神烟药线接着送药。外以纸糊十数层。两旁插风翅两扇，顺风点信，飞入贼营，药发乱击，身焦目瞎。""其腹藏棱角数枚，一炮角发，钉人身上。其尖上加醮虎药。"

同书所载的"神火飞鸦"一种火器，说："用篾为之，照今人清明时所放纸鹞之式。或八角、或圆、或鹞，中藏毒火毒烟等。下系四支火箭。药信上结线香一段，香尽信燃，线断鹞落，火焰齐发。烧营焚船之妙着。"

在《武备志》卷一百二十三上所载的，对于第一种叫作"飞空击贼震天雷炮"，我认为这一种完全是一种雏形的飞弹。如图85所示。它的记载如下："炮径三寸五分。状类球。篾编造。中间用纸捏一筒，长三寸，内装送药。筒上安发药神烟，药线接着送药。外以纸糊十数层。油红色。两旁安辖风翅两扇。如攻城，顺风点信，直飞入城。待送药尽燃，至发药

碎爆，烟飞雾障，
迷目钻孔。烧贼打
阵，亦如前法。风
大去之则远，风小
去之则近。破阵攻
城甚妙。"①

图85　飞空击贼震天雷炮
（采茅元仪《武备志》）

又 在 《 武 备
志》卷一百三十一上也载着一种叫作"神火飞鸦"的，原理
上也是一种雏形飞弹，但是它的目的是在放火。原书记载如
下："用细竹篾为篓，细芦亦可。身如斤余鸡大，宜长不宜
圆（按：这一点比前一种更进步）。用棉纸封固，内用明火炸
药装满，又将棉纸封好，前后装头尾，又将裱纸裁成二翅，钉
牢两旁，似鸦飞样，身下用大起火四枝斜钉，每翅下二枝。鸦
背上钻眼一个，放进药线四根，长尺许，分开钉连四起火底
内。起火药线头上，另装扭总一处。临用先燃起火，飞远百余
丈。将坠地方着鸦身，火光遍野。对敌用之，在陆烧营，在水
烧船，战无不胜矣。"如图86所示。

---

① 我国所发明的火药种类和性质彼此不同。这一段所说的送药是起火和火箭
所用的药，只喷射，不爆炸。所说的发药是能爆炸的火药。

图86　神火飞鸦
（采茅元仪《武备志》）

就以上叙述看来，我国对于这方面的发明是由火药进而为火箭，由火箭进而为喷射推进，更进而发展到飞弹的阶段，都走在其他民族的前面。可惜最近三百年来，几乎是完全停顿，甚至连记载也多不知道了。只剩下年节时的"起火"、"二提脚"和"灯炮"等玩物而已。

5. 自动爆炸的地雷、水雷和定时炸弹

明代嘉靖年间（公元1522—1566年）曾铣曾发明一种能自动爆炸的地雷。《渊鉴类函》引《兵略纂闻》："曾铣在边又制地雷。穴地丈许，柜药于中，以石满覆，更覆以砂，令与地平。伏火于下，可以经月。系其发机于地面。过者蹴机，则火坠药发，石飞坠杀人。敌惊以为神。"

又，《明实录》上载着："天启二年（公元1622年）六月，辽东经略王在晋……摆设空营火炮最称便捷。不用火然药线。虏马触机，火即喷蒸，贼不及避。"

就以上两条资料看，很明显的是一种自动地雷的装置。敌

人一触机关，就能自动地爆炸。

宋应星所著的《天工开物》，"佳兵"一章上载着："混江龙，漆固皮囊果炮，沉于水底。岸上带索引机，囊中悬吊火石火镰。索机一动，其中自发。敌舟行过，遇之则败。"《武备志》卷一百三十四上钢轮发火一种，也和自动地用火石火镰发火相同。

这显然是一种能自动爆炸的水雷。

《渊鉴类函》引《兵略纂闻》："曾铣在边，置慢炮法。炮圆如斗，中藏机巧。火线至一二时才发。外以五彩饰之。敌拾得者，骇为异物，聚观传玩者墙拥。须臾药发，死伤甚众。"《续通典》上也有同样的记载，想系来自同一个来源。

这显然是一种定时炸弹的发明。

6. 雏形的两级火箭

明代天启元年（公元1621年）茅元仪所著的《武备志》卷一百二十九上载着"飞空砂筒"一种武器，原图如图87所示。书上的记载如下："飞空砂制度不一。用河内流出细砂。如无，将石捣为末，以细绢罗罗去面灰。次用粗罗落砂。每斗用药一升，炒过听用。铳用薄竹片为身。外起火二筒，交口颠倒缚之。……前筒口向后，后筒口向前，为来去之法。前用爆

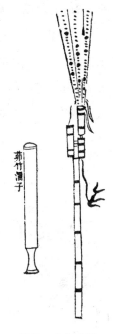

图87 飞空砂筒
（采茅元仪《武备志》）

竹一个，长七寸，径七分，置前筒头上，药透于起火筒内。外用夹纸三五层作圈，连起火粘为一处。爆竹外圈装前制过砂，封糊严密。顶上用薄倒须枪。如在陆地不用。放时先点向前起火。用大茅竹作溜子（按：滑筒的意思），照敌放去，刺彼蓬上。彼必齐救。信至爆烈，砂落伤目无救。向后起火发动，退回本营。敌人莫识。"

我们看：这一种武器的构造是用一个火箭把铳射到敌人的船蓬上。在爆竹爆炸以后，又由另一个倒装的火箭把它射回。虽说实际上射回的作用很可能不会合于理想，但原理上的想法已经是一种两级火箭了。

同书卷一百三十三上又载着一种叫作"火龙出水"的火箭，也是一种雏形的两级火箭。记载上的大意是：用茅竹五尺，去节。用铁刀刮薄。前边装上一个木制的龙头，后边装上一个木制的龙尾。龙头的口部向上。龙腹内装神机火箭数支。

把火箭的药线总连在一起，由龙头下部一个孔中引出。又在龙身下面前后各倾斜着装上两个大火箭筒。把它们的药线也总连在一起。更把由龙腹内引出的总药线连在前边两个火箭筒的底部。"水战，可离水三四尺燃火，即飞水面二三里去远。如火龙出于江面。筒药将完，腹内火箭飞出，人船俱焚。……"原图如图88所示。

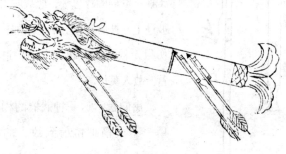

图88　火龙出水
（采茅元仪《武备志》）

我们看，这一种火箭的构造是用四个大火箭筒把一个用竹木制造的龙形筒射出，等火箭筒内的药烧完以后，又引着龙腹内的神机火箭，以射敌人。原理上已经很明显的是一种两级火箭了。

第五章　中国在传动机或传动机件方面的发明

发动机或原动机所发的运动多很简单。最普通的只是发生回转运动，如风轮、水轮、蒸汽轮和燃气轮等；有一部分开始是发生往复运动，随即经过一个连杆曲柄机构也把它变为回转运动，如蒸汽机、煤气机和油机等。但是各种工作机所需要的运动，尤其是真正从事工作的部分所需要的运动常常是比较复杂。又因为要做工的地点和发生原动力的地点多距有一定的距离，所以在发动机和工作机或发动机和工作地点之间，多需要一种传动机或传动机件。这些传动机或传动机件由发动机接收的是机械能，它们传到工作机或工作地点的仍是机械能。除了传动以外，它们一般还能够发出第一章第六节所述的功用的一种或数种，以适应工作的需要。

我国在过去几千年以来，在这方面的发明也很多。谨分别叙述如下。

一、用绳带传动

用绳带传动，在第四章里边，已经举出了几个实例。如畜力砻（参看该章图47）、牛拉绳轮汲卤（参看该章图55）、大纺车（参看该章图56）、水转大纺车（参看该章图77）等，都是很好的用绳传动的实例。这里不再重复了。谨再举几个实例如下：

1. 牛转绳轮凿井

宋应星所著的《天工开物》上载着：在凿井汲卤的时候，井凿得深了，用牛转绳轮，再经过导轮和辘轳等向上提水和所舂碎的石粉泥浆。它的装置如图89所示。

2. 木棉纺车

王祯《农书》卷二十五上载着："木棉纺车……轮动弦转，筳繀随之。纺人左手摇其棉筒，不过二三，续于筳繀，牵引渐长。右手均捻，俱成紧缕，就绕繀上。欲作线织，置车在左，再将两繀棉丝合纺，可为棉线。"参看图90。

就书上所叙述和图上所表示的情形看，应是在大绳轮的轴

图89 牛转绳轮凿井

（采宋应星《天工开物》）

图90 木棉纺车

（采徐光启《农政全书》）

头上装置一个曲柄机构，由一个短连杆和下边脚踏杆的左端连接。脚踏杆的中间装在一个转轴上。当脚踏杆左右两边交替着被脚踏动的时候，大绳轮继续转动，再由一绳带动上部的三个小绳轮，使它们按高速度回转（大绳轮开始转动以后，它具有飞轮的性质，否则不能继续回转）。在三个小绳轮上各装置一个锭子，每个锭子上即纺出一线。

在华北几省所用纺棉线的纺车原理上与此相同，只是同时只纺一条线。用右手经过一个小曲柄机构转动一个大绳轮。由一个绳套带动左边锭子上的小绳轮，使锭子按高速度回转。纺线的人左手紧握棉条（相当于《农书》上所说的棉筒）继续向

图91　北省通用的木棉纺车

　　　　　　　　　　　中国机械工程发明史

外牵引。到一定的长度以后，再倒转少许，一面用左手使引出的线向上提高，等棉线高到大致与筶繀垂直的地位，然后再正转，把线绕在繀上。如此继续不已。如图91所示。

3. 纬车

在王祯所著的《农书》上，载有纬车一种，如图92所示，也是由一个大绳轮带动一个小绳轮。在小绳轮的轴上装置一个筶筒（北省乡间多用苇子筒），把浆好的棉线缠绕在上边。织布的时候，再装在梭里边，织成布的纬线。

图92　纬车
（采徐光启《农政全书》）

4. 代耕或木牛

　　明代天启七年（公元1627年）王徵所著的《诸器图说》
上，载有代耕一种，其一端的构造如图93所示（没有表示绳
索）。书上的记载如下："以坚木作辘轳二具（也可以说是
相当于两个绞车）；各径六寸，长尺有六寸。空其中，两端
设轵，贯于轴，以利转为度。轴两端为方柄，入架木内，期
无摇动。架木前宽后窄，前高后低。每边两枝，则前短而后
长。……两端相合如人字样。即于人字交合处作方孔，安其
轴。两人字相合安轴两端。又于两人字两足各横安一枨木，则
架成矣。……先于辘轳两端尽处十字安木橛，各长一尺有奇。

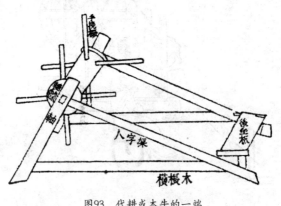

图93　代耕或木牛的一端
（采王徵《诸器图说》）

其十字两头反以不对为妙。（这样可使回转力均匀，原则性很高）辘轳中缠以索，索长六丈。度六丈之中安一小铁环。铁环者所以安犁之曳钩者也。两辘轳两人对设于三丈之地。其索之两端各系一辘轳中，而犁安铁环之内。一人坐一架，手挽其橛则犁自行矣。递相挽亦递相歇。虽连扶犁者三人，而用力者只一人。……"

公元1655年屈大均著的《广东新语》上载着："木牛者代耕之器也。以两人字架施之。架各安辘轳一具。辘轳中架以长绳六丈。以一铁环安绳中，以贯犁之曳钩。用时一人扶犁，二人对坐架上，此转则犁来，彼转则犁去。一手而有两牛之力，耕具之最善者也。"这一个记载，内容是与王徵的记载完全相同的。

这是用绳索牵引往复带动耕犁的一种最早的设计。我国最近对于这种用绳索牵引各种农具，不使拖拉机下田的方法，认为很有重新研究并逐渐加以应用的必要。特别是在水田和将来有电力达到的地区，很可能是一种相对最经济最方便的方式。

5. 在磨床上用绳索牵引

图94表示我国用以琢磨玉石的磨床。把一个磨石轮装在一个横轴上，两头装在轴承里边。在磨石轮的两边，各把一条

绳索或皮条的上头钉在轴上，并按相反的方向各绕轴几周。绳的下头分别装在两个脚踏板上。当工人用脚交替踏动两板的时候，就带动磨石轮往返转动。一面再用手握住要磨光的玉石紧靠轮缘以受磨。

图94　磨床
（采宋应星《天工开物》）

　　此外在镟木的镟床上、在木钻上、在各种起重用的滑车上和拉重用的绞车上，多采用绳索或皮条传达运动和力量。实例很多，不再详述。

　　就年代说，凿盐井所用的绳轮至晚应起始于西汉末年，即至少已有二千年的历史了。棉纺车、纬车等所用的绳轮，至晚应起始于元代初年，即至少已有六百四十多年的历史了。（根据最近陕西省出土的汉代棉布看，可能汉代已有了棉纺车，那么就已有一千八九百年的历史了。）麻纺丝纺所用的绳轮应当更早。因为我国对于丝织和麻织的发明最早，若推断在纺织方面利用绳索传动已有二千五百年以上的历史应没有多大的差误。图95表示汉墓壁画上的一种纺车图。就构造说，和北省所用的木棉纺车完全相同，更可说明我国棉纺应远在元代以前。

图95　汉墓壁画上的纺车图[1]

（由北京琉璃厂某铺购得，不知确实年代）

二、用链传动

我国对于链的应用发明得也很早。它是既坚硬而又能挠曲的一种传动机件。远在夏商年代，即远在三千多年以前，即用于马衔，壶盖系件和盘的提梁等处。虽说还没有多大传动的意义，但是已有链的发明和应用了。图96表示用在鳞纹瓠壶上系

---

[1]　近年来有学者对该纺车图出处提出疑问，认为此图如是汉代画像石、画像砖的拓片或汉代壁画的摹拟，则不可能如此清晰。另外对图中纺妇的坐姿和发式也提出了疑问。见李强、李斌、杨小明："中国古代手摇纺车的历史变迁：基于刘仙洲先生《手摇纺车图》的考证"。《丝绸》2011，48（10）：41-46。——冯立昇注

图96　鳞纹瓠壶
（采容庚《商周彝器通考》）

图97　环梁人足盘
（采容庚《商周彝器通考》）

壶盖的链。图97表示用在环梁人足盘上的链。此两图均系采自
容庚所著的《商周彝器通考》，即均有三千年左右的历史了。

　　真正用在传动的链有下列四种。唯多属于运搬链的性质。
同时用它运搬水，使由低水面升到高水面，传达的动力本身就
用去了。

1. 翻车及拔车

　　翻车是我国过去一千七百多年以来，社会上应用最普遍效

　　　　　　　　　　　　　　　　　中国机械工程发明史

果最大的一种灌溉或扬水机械。有的地方叫作水车，有的地方叫作水龙，有的地方叫作龙骨车，有的地方叫作踏车，有的地方叫作水蜈蚣。《后汉书》列传卷六十八（百衲本）"张让传"上载着："……又使掖庭令毕岚铸铜人四……又作翻车，渴乌，施于桥西，用洒南北郊路，以省百姓洒道之费。"注："翻车，设机以引水，渴乌为曲筒以气引水上也。"

《魏略》上载着："马钧居京师，城内有地可为园。无水以灌之。乃作翻车，令儿童转之而灌水自覆。"

清代麟庆所著的《河工器具图说》卷二上叙述翻车的构造

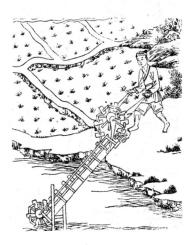

图98　拔车图
（采宋应星《天工开物》）

最详细："其制除压栏木及列槛椿外，车身用板作槽，长可二丈，阔四寸至七寸不等。高约一尺。槽中架行道板一条，随槽阔狭。比槽板两头俱短一尺，用置大小轮轴。同行道板上下通周以龙骨板叶。其在上大轴两端，各带拐木四茎，置于岸上木架之间。人凭架上踏动拐木，则龙骨板随转循环，行道板刮水上岸。"它工作时的情形如前第三章图38所示。又，上下水面相差不多时，可由一人或二人用手摇转，有时叫作拔车。如图98所示。

2. 高转筒车

高转筒车也是一种运搬链的性质。王祯《农书》卷十九上载着："高转筒车，其高以十丈为准。上下架木，各竖一轮。下轮半在水内。各轮径可四尺。轮之一周，两旁高起。其中若槽，以受筒索。其索用竹，均排三股，通穿为一。随车长短，如环无端。索上相离五寸，俱置竹筒。筒长一尺。筒索之底托以木牌，长亦如之。通用铁线缚定，随索列次，络于上下二轮。复于二轮筒索之间，架剳木平

图99　高转筒车
（采宋应星《天工开物》）

　　　　　　　　中国机械工程发明史

底行槽一连上与二轮相平，以承筒索之重。或人踏，或牛拽转上轮，则筒索自下兜水循槽至上轮轮首覆水，空筒复下。如此循环不已。"如图99所示。

3. 水车

前边所说的翻车，用它扬河边或湖边的水以灌溉田地是很适宜的。但是总得斜着放。若在不临河湖的地方就不相宜了。在北几省旱田里由立井中向上扬水的水车，就是另一种构造，但是也具有运搬链的性质。有关这一种水车的记载如下：

《太平广记》卷二五〇引《启颜录》："邓玄挺入寺行香，与诸僧诣园观植蔬，见水车。以木桶相连，汲于井中。……"这是目前得到的有关水车的最早记录。按《旧唐书》一百九十卷上，称"邓玄挺卒于唐武后永昌元年（公元689年）"，若推断这种水车发明于公元670年以前，当无多大差误。

刘禹锡（公元772—842年）"何处深春好"的诗里边有"柙比栽篱槿，咿哑转井车"的句子，也可以证明立井的水车在唐代已经发明了。

徐光启所著的《农政全书》卷十六上载着："近河南及真定诸府，大作井以灌田。……其起法有桔槔，有辘轳，有龙骨木斗……"所说的"龙骨木斗"也是这一种水车。可能是到明末才推广到河南和真定一带。总之，旱田所用的水车，至少已有一千三百年的历史了。

旱田所用水车的构造，如图100所示。因为在立井中不能像翻车那样用木板向上刮水，所以另制一串木斗，互连如链，套在井上边的一个大轮上，在这一大轮的轴的一头，装上一个大立齿轮，和上部一个大卧齿轮相衔接。用牛马驴骡等拉着

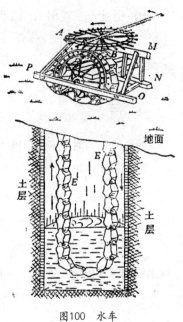

图100　水车

上边的大卧齿轮转动（无牲畜力的地方也有用人推的），则大立齿轮随着转动，带着套水斗的大轮也同时转动，水斗就连续上升，把水带上来，倾在横放在大轮内的一个水簸箕里边，继续流到田里去。

4. 天梯

在北宋苏颂著的《新仪象法要》卷下记载着一种"天梯"，

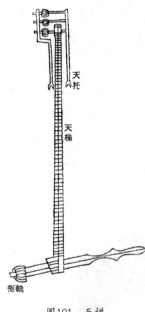

图101　天梯
（采苏颂《新仪象法要》）

实在是一种用铁制的链子。它把下边的一个小横轴的转动经过两个小链轮传达到上边的一个小横轴上去。再经过三个小齿轮以带动浑天仪上的天运环，使三辰仪转动（详后图123）。书上的原图如图101所示。记载如下："天梯，长一丈九尺五寸。其法以铁括（按：铁环之意）联周匝上，以鳌云中（详后）天梯上毂（按：此处的"毂"字可当一个小轮解）挂之。下贯枢轴中天梯下毂。每运一括则动天运环一距（按：此处的距字即一齿节之意）以转三辰仪，随天运动。"这一种的性质已经是真正传达动力和运动的链条了。

三、用齿轮和齿轮系传动

齿轮和齿轮系是传动机或传动机件里边最重要的一种。因为它能够很精确地把一个轴的回转运动传达到另一个轴，使它也发生回转运动，可以使它的速度相同，可以使它变快或变慢，也可以使它变更回转的方向。

我国对于齿轮的发明可以上推到秦代（公元前221—公元前207年），或西汉初年。因为1954年，在山西省永济县[①]薛家崖出土的齿轮和它同坑出土的铜器多与战国墓出土的古物相近，同时有一枚秦半两钱，故可断定是秦代或西汉初年的古物。图102就是这一齿轮的照片。

图102　秦代或西汉初年的齿轮
（山西省博物馆存）

---

① 现山西省永济市。——编者注

　　　　　　　　　　　　　　　中国机械工程发明史

罗振玉所著《雪堂所藏古器物图说》上载着："古机轮土范一，有文字曰东二。以书势考之，乃西汉之物。"图103表示它的全形，抗战后仅保留着约四分之一。现存沈阳博物馆中，如图104所示。

图103　西汉齿轮范
（采罗振玉《雪堂所藏古器物图说》）

图104　西汉齿轮范现存之一部
（沈阳博物馆存）

在容庚所著的《金文续编》上记载得更详细一些："罗振玉《雪堂所藏古器物图》著录齿轮范一。铭文为东口。范以陶制，出齿十六。作斜倚形。中有方模凸起，因此知轮铸成后必受贯于方轴之上。轴与轮必有连转之运动。考其铭文，篆法严正，故为汉物无疑。"

1959年6月30日《河北日报》上刊登着："最近由保定城南璧阳城村古代璧阳城址地面下掘出的一个齿轮，就形状和大小看，与罗振玉以前所存的土范极相似。"

　　图105和图106是1953年在陕西省长安县①红庆村汉墓出土的齿轮。根据墓的结构和同坑出土的古物，断定是东汉初年的古墓。这一对齿轮最特殊的地方是已经知道采用"人"字齿了。后来长沙出土的齿轮，也表现同样的"人"字齿。

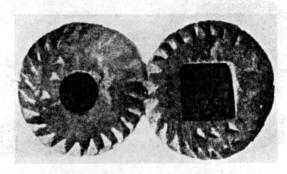

图105　东汉初年的齿轮
（陕西省博物馆存）

图106　前图齿轮的侧面

① 现陕西省西安市长安区。——编者注

以上主要是就着出土实物推断。若就记载看，也可以说明至晚在西汉初年（公元前200年左右）就发明了齿轮，并且不久就应用了齿轮系。

刘歆所著的《西京杂记》上载着："记道车，驾四，中道。"这种记道车，后来有叫大章车的，有叫记里车的，有叫司里车的。更晚一些，因为加上了行一里打一下鼓，就又叫作记里鼓车了。各代所用的名称虽说不完全相同，但是它们的功用都是当车前进的时候，利用车轮的转动，间接着自动地把车行的里数表示出来。打算达到这样的目的，并使它比较准确可靠，是非采用齿轮系不可。（《宋史》上所记载着的更把齿轮数及各轮的齿数都给出来了，详后。）既能利用齿轮系，则比较早的时期就应该先有了齿轮。所以西汉如果已有采用齿轮系的记道车，若推断秦代或西汉初年就已经发明了齿轮是绝不算早的。就是说：我国齿轮的发明，至少已有二千二百年的历史了。

现在再叙述几种很重要的实例如下：

在第四章已经叙述过的水磨、连二水磨、水碾、牛转翻车、驴转翻车、水转翻车、造糖车（两巨轴上部由两个齿轮互相衔接，故一轴转动，另一轴即随之向反方向转动，以轧蔗取浆）和立帆式风轮等，以及本章前段水车一种的上部，都是采用一对齿轮传动的实例。在王祯《农书》卷十五上载着一种所谓"连磨"的说明里边，说它是晋代杜预发明的。由一头牛转动一个立轴。轴上装一个大轮。再由大轮的轮辐间接带动八个磨的齿轮，使八个磨同时工作。原书的记载如下："连磨，连转磨也。其制中置巨轮，轮轴上贯架木，下承碻臼。复于轮之周回，列绕八磨。轮辐适与各磨木齿相间。一牛拽转，则八磨随轮辐俱转。用力少而见功多。《后魏书》，崔亮在雍州读《杜预传》，见其为八磨，嘉其有济时用。"可知这种磨是杜预所发明。又，《授时通考》卷四十上载着一种水转连磨，由一个水轮带着九个磨同时工作，都是利用齿轮的传动。其情形如图107所示。历史博物馆已经把它复原。

利用齿轮系传动的实例在我国机械工程发明史上更是很重要的一项。现在依照时代前后叙述如下：

1. 记里鼓车上所用的齿轮系

前边曾说过，记里鼓车是当车前进时，利用车轮的转动自动地把车行的里数表示出来。它和现在汽车上记里数表的作用相同。根据已经得到的资料看，在前汉就发明了。

《西京杂记》上载着："汉朝舆驾祠甘泉汾阴，备千乘万骑。太仆执辔，大将军陪乘，名为大驾。司南车，驾四（由四

图107　水转连磨
（采《授时通考》）

匹马拉着），中道。辟恶车，驾四，中道。记道车，驾四，中道。"

《晋书·舆服志》上载着："记里鼓车，驾四。形制如司南。其中有木人执槌向鼓。行一里则打一槌。"晋代崔豹所著的《古今注》上也记载着："记里鼓车，一名大章车。晋安帝时（公元397—414年）刘裕灭秦得之。有木人执槌向鼓，行一里打一槌。"

《宋书·礼志》："记里车，未详所由来。亦高祖定三秦所获。制如指南，其上有鼓。车行一里，木人辄击一槌。"

《贞观政要·纳谏》："……又光武，有献千里马及宝剑者。马以驾鼓车，剑以赐骑士。"

五代马缟所注的《中华古今注》上说："记里鼓车，所以识道里也，谓之大章车。起于西京。亦曰记里车。车上有二层，皆有木人焉。行一里下一层击鼓，行十里上一层击钟。上方故事有做车法。"

此外如《南齐书·舆服志》，陆翙《邺中记》，隋书《礼仪志》，《旧唐书·舆服志》，《新唐书·车服志》及江少虞《皇朝类苑》等均有简略的记载。

如果只有以上这些简略的记载，我们还很不容易推断出它的构造究竟是怎样。幸而在《宋史》上给出比较详细的记载，我们才容易把它搞清楚。

《宋史·舆服志》上载着："记里鼓车一名大章车。赤质，四面画花鸟，重台勾栏镂拱。行一里则上层木人击鼓，十里则次层木人击镯。一辕，凤首，驾四马。驾士旧十八人。太宗雍熙四年（公元987年）增为三十人。仁宗天圣五年（公元1027年）内侍卢道隆上记里鼓车之制。独辕双轮。箱上为两重，各刻木为人执木槌。足轮各径六尺，围一丈八尺（按：那时用三作圆周率，不够精确）。足轮一周而行地三步（按：那时是六尺为一步）。以古法六尺为步，三百步为里，用较今法，五尺为步，三百六十步为里。立轮一，附于左足轮，径一尺三寸八分，围四尺一寸四分。出齿十八，齿间相去二寸三分。下平轮一，其径四尺一寸四分，围一丈二尺四寸二分，出齿五十四，齿间相去与附足立轮同。立贯心轴一。其上设铜旋风轮一，出齿三，齿间相去一寸二分。中立平轮一，其径四尺，围一丈二尺，出齿百，齿间相去与旋风（轮）等。次安小平轮一，其径三寸少半寸，围一尺，出齿十，齿间相去一寸半。上平轮一，其径三尺少半尺，围一丈，出齿百，齿间相去与小平轮同。其中平轮转一周，车行一里，下一层木人击鼓。上平轮转一周，车行十里，上一层木人击镯。凡用大小轮八，合二百八十五齿。递相钩锁，犬牙相制，周而复始。诏以其法下有司制之。"

1925年张荫麟先生在《清华大学学报》第二卷第二期上发表过"卢道隆,吴德仁记里鼓车之造法"一文,他推断卢道隆记里鼓车的造法如图108所示。图中甲为足轮(按:车轮),乙为附于足轮的立轮,丙为下平轮,丁为第一贯心轴,戊为旋风轮,己为中平轮,庚为第二贯心轴,辛为小平轮,壬为上平轮,癸为第三贯心轴。在第二贯心轴之上安击鼓的木人,位于下一层。在第三贯心轴上安击镯的木人,位于上一层。他推测的是正确的。

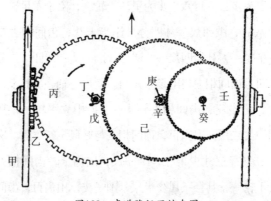

图108 卢道隆记里鼓车图

因为车轮甲的直径是6尺,假定圆周率的数值按3计算,回转一周,车前行18尺,回转100周,车就前行180丈,或360步,恰为1里。若乙丙戊己四个齿轮的齿数依次为18、54、3、100，则当车前行1里时，庚轴只转 $100 \times \dfrac{18}{54} \times \dfrac{3}{100} = 1$ 周。若在庚轴的上边，装上一个相当于凸轮作用的拨子，拨动或间接用绳拉动一个木人的上臂，就可以使它击鼓一次。

同一理由，若在庚轴上再装上一个10个齿的小齿轮辛，和癸轴上一个100个齿的大齿轮相衔接，则每当车前行10里时，癸轴才回转一周，它上边的拨子就能拨动或间接用绳拉动另一个木人的上臂，使它击镯一次。图109是根据上述的推断和计算复原的模型，现陈列在北京天安门前中国历史博物馆内。

图109 卢道隆记里鼓车模型
（陈列在中国历史博物馆）

在《宋史》上又连续记载着吴德仁设计的记里鼓车。它实际上是减少了作用击镯的一对齿轮，使两个木人在车前行一里时，同时击钲击鼓，相对更简单了。原记载如下："大观（公元1107—1110年）之制，车箱上下为两层。上安木人二，各手执木槌。内左壁车脚上立轮一，安在车箱内。径二尺二寸五分，围六尺七寸五分，二十齿，齿间相去三寸三分五厘。又平轮一，径四尺六寸五分，围一丈三尺九寸五分，出齿六十，齿间相去二寸四分。上大平轮一，通轴贯上。径三尺八寸，围一丈一尺，出齿一百，齿间相去一寸二分。立轴一，径二寸二分，围六寸六分，出齿三，齿间相去二寸二分。外大平轮轴上有铁拨子二。又木横轴上关捩拨子各一。其车脚转一百遭，通轮轴转周，木人各一击钲鼓。"

吴德仁记里鼓车的结构应如图110所示。甲为车轮。乙为车

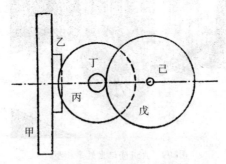

图110　吴德仁记里鼓车的齿轮系

脚上的立轮。丙为平轮。丁为平轮的立轴，但有一小段做出三个齿，和大平轮戊的齿相衔接。己为大平轮的轴，其上有铁拨子二。每转一周时拨动两个小横轴上的所谓"关捩拨子"，以牵动上层的两个木人，使它们击钲击鼓。

根据这样的结构，倘乙、丙、丁、戊四个齿轮的齿数依次为20、60、3、100，并仍假设车轮的直径为6尺，则每当车前行一里时，乙轮回转100周，己轴只回转$100 \times \frac{20}{60} \times \frac{3}{100} = 1$周。

两个铁拨子分别拨动所谓"关捩拨子"以牵动上层的两个木人，使分别击钲击鼓。

铁拨子和关捩拨子的构造如图111所示。

以上所述的两种记里鼓车的构造，按各轮的齿数计算都是合理的。唯所记各轮齿的周节（即所谓齿间相去的尺寸）多有不合。例如吴德仁的记里鼓车，大平轮上出齿一百，齿间相去一寸二分，而立轴上出齿三，齿间相去二寸二分，如何能互相衔接继续传动？记载上有不少小错误是毫无疑义的。

2. 张衡水力天文仪器上所用的齿轮系

我国表示天体运行的仪器发明得很早，主要是因为我们自古就重视农业生产。《尚书·舜典》里就有了"在璇玑玉衡以齐七政"的话，有人认为在虞舜的时候（公元前2257—公元前

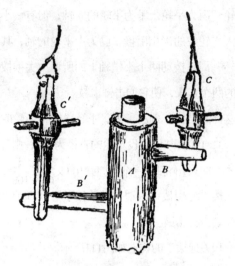

图111　吴德仁记里鼓车上的铁拨子和关掀拨子
（采王振铎先生《指南车记里鼓车的考证及模制》）

2208年）就有了浑天仪。后来在汉武帝太初年间（公元前104—
公元前101年），洛下闳，鲜于妄人等曾为浑天。汉宣帝时（公
元前73—公元前49年）耿寿昌更用铜铸成。但是都没有说明怎
样转动和采用什么原动力去转动它。所以还不敢推断是不是采
用了齿轮系。到张衡的时候（公元78—139年），记载上才明确
地说明，他采用了漏壶的原理用水力作为天文仪器转动的原动
力（参考第四章"用水力为天文仪器的原动力"一节）。

　　我们推断张衡在他的水力天文仪器上采用了齿轮系是根据

下列情况：（甲）我国漏壶的发明很早[1]。漏壶所根据的主要原理是使平水壶内的水平面总能保持一定，它下边出水口的横断面积和出水口中心距水平面的垂直距离一定；这样，在同一时间内流出的水量就能保持一定。把这样一定的水量继续加到一个水轮，就能够获得一定的等速运动。（乙）采用一个水轮的原动力间接着传达到浑象，使它很均匀很规律地每天恰转一周，中间的传动机构如果不采用逐渐减速的齿轮系是很难做到的。在张衡时期，齿轮的发明和应用已经有三百年左右的历史（前汉由公元前206年开始），而且在前汉已经有了必须采用齿轮系的记道车[2]，东汉光武时也提到鼓车（参考记里鼓车上所用的齿轮系），他想出组织几对齿轮以达到很规律的逐渐减速的目的是不困难的。

因为所有有关的资料都没有说明齿轮系的情形，我们只有合理地加以推断。

因为浑象需要每天等速地回转一周，假定采用四对齿轮组

---

[1]　刘仙洲："中国在计时器方面的发明"。《天文学报》，第4卷第2期，1956年12月。

[2]　参看前边所引《西京杂记》所载的记道车及《宋书》卷十八所载的记里车："记里车……亦高祖定三秦所获。制如指南，其上有鼓，车行一里，木人辄击一槌。"

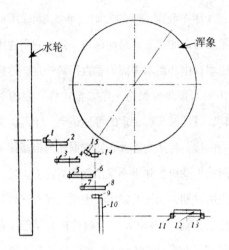

图112　张衡水力天文仪器中齿轮系推想图

成一个齿轮系，每对齿轮的速比均为6，如图112所示。即使
1、3、5、7四个小齿轮的齿数都是6；2、4、6、8四个大齿轮
的齿数都是36；再在齿轮8的轴上和浑象的轴上各装上一个12
个齿的小斜齿轮14和15。这样齿轮8的转数就可以代表浑象的
转数。假定它每天很规律地只转1周，则水轮每天的转数应为
$1 \times \dfrac{36}{6} \times \dfrac{36}{6} \times \dfrac{36}{6} \times \dfrac{36}{6} = 1 \times 6 \times 6 \times 6 \times 6 = 1296$ 周。

　　如果采用漏壶的原理（但必须使水的流量加大，用滴水的
方法是很不够的），精细地调整流入水轮的流量，使它每天能
够等速地回转1296周，或每小时能够等速地回转54周，则浑象

中国机械工程发明史

就能够很规律地每天回转1周。

为了达到同一的目的，各齿轮的齿数和采用齿轮的对数，当然还可以得到别的答案。

3. 指南车上所用的齿轮系

我国古代所发明的指南车是采用一种能自动离合的齿轮系。它的发明年代，在崔豹所著的《古今注》上说是始于黄帝。又说："旧说周公所作。"《太平御览》引《鬼谷子》，也说是周公所作。这些都不大可靠。沈约所著《宋书·礼志五》上说："后汉张衡始复创造。"《宋史·舆服志》上说："汉张衡魏马钧继作之。"

我想创造指南车的时期，最早可推到西汉。因为《西京杂记》上有"司南车，驾四，中道"的记载。我国有关司南或指南的发明，原有磁石性的及机械性的两种。如果是磁石性的指南针，绝没有驾四个马拉它的必要。而且在《西京杂记》的同一段上有记道车的记载。如前边所述，记道车一定已采用了齿轮系，所以推断驾四个马的司南车也是采用了齿轮系。又《三国志·魏书·杜夔传》，裴注说："……先生（指马钧）为给事中，与常侍高堂隆、骁骑将军秦朗争论于朝，言及指南车。二子谓古无指南车，记言之虚也。先生曰：古有之，未之思耳。……二子哂之。……先生曰：虚争空言，不如试之易效也。于是二子遂以白明帝，诏先生作之，而指南车成。"所谓"记言之虚也"一句中的"记"字，可能指的就是《西京杂记》。马钧主张"古有之"，更可证明不是由他才发明的。即使是再保守一些，也应该推到张衡。因为张衡已采用齿轮系在他的水力天文仪器上，他采用齿轮系创制指南车是极为可能的。

此后的记载更有以下各条：

《晋书·舆服志》上说："司南车一名指南车。驾四马。其下制如楼三级。四角金龙衔羽葆。刻木为仙人，衣羽衣，立车上。车虽回运而手常南指。"

《宋书·礼志五》上说："指南车，其始周公所作。……至于秦汉，其制无闻。后汉张衡始复创造。汉末丧乱，其器不存。魏高堂隆、秦朗皆博闻之士，争论于朝，云无指南车，记者虚说。明帝青龙中（公元233—236年）令博士马钧更造之而车成。晋乱复亡。石虎使解飞，姚兴使令狐生又造焉。安帝义熙十三年（公元417年）宋武帝平长安，始得此车。其制如鼓车，设木人于车上举手指南。车虽回转，所指不移。"

《南齐书·祖冲之传》上说："初宋武平关中，得姚兴指南车。有外形而无机巧。每行使人于内转之。昇明中（公元

477—479年）太祖辅政，使冲之追修古法。冲之改造铜机，圆转不穷而司方如一。马钧以来未有也。"

此后，在《隋书·礼仪志》，《旧唐书·舆服志》，《新唐书》"车服志"和"仪卫志"上，均有记载。但都是简略地记载它的应用。对于它内部的机械构造有记载并且相当详细的是《宋史·舆服志》和岳珂所著的《愧郯录》。它们的内容相同。关于燕肃指南车的记载如下："……仁宗天圣五年（公元1027年）工部郎中燕肃始造指南车。肃上奏曰：'……其后法俱亡。汉张衡魏马钧继作之。……祖冲之亦复造之。……历五代至国朝，不闻得其制者。今创意成之。'其法用独辕车，车箱外笼上有重构。立木仙人于上，引臂南指。用大小轮九，合齿一百二十。足轮（按：车轮）二，高六尺，围一丈八尺。附足立子轮二，径二尺四寸，围七尺二寸，出齿各二十四。齿间相去三寸。辕端横木下，立小轮二，其径三寸，铁轴贯之。左小平轮一，其径一尺二寸，出齿十二。右小平轮一，其径一尺二寸，出齿十二。中心大平轮一，其径四尺八寸，围一丈四尺四寸。出齿四十八，齿间相去三寸。中立贯心轴一，高八尺，径三寸。上刻木为仙人。其车行，木人南指。若折而东，推辕右旋，附右足子轮顺转十二齿，击（按：此字殿版二十四史系繫字，百衲本系击（擊）字。我认为击字正确）右小平轮一匣，触中心大平轮左旋四分之一，转十二齿。车东行，木人变（按：此字在两种版本上都是交字，我认为是变字之误）而南指。若折而西，推辕左旋，附左足子轮随轮顺转十二齿，击左小平轮一匣，触中心大平轮右转四分之一，转十二齿。车正西行，木人变而南指。若欲北行，或东或西转亦如之。"

就以上的记载看，《宋史》上对于燕肃指南车上所用各齿轮的大小和齿数可以说是叙述得相当详细，但是因为没有图的关系，它的实际构造仍是不容易了解。1924年英国人A.C.Moule曾发表过"中国的指南车"一文，由清华大学张荫麟教授译成中文，改题名为"宋燕肃吴德仁指南车造法考"，载在《清华大学学报》第二卷第一期上。1937年王振铎先生进一步制成模型，并写出"指南车记里鼓车之考证及模制"一文，载在《史学集刊》第三期。他们两位推断的根据都有采取八十年后吴德仁指南车的地方，理由似乎都不够充分。[①]

1948年，我曾接到鲍思贺先生"指南车之研究"一文。他所推断的燕肃指南车的构造，如图113所示。我认为相对更合理一些。图中A为足轮（按：车轮）；B为附足子轮（按：附装

---

① 刘仙洲："中国在传动机件方面的发明"。《机械工程学报》，第2卷第1期，1954年7月。

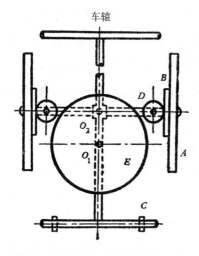

车辕

图113　鲍思贺推测的燕肃指南车图

于车轮里侧的齿轮）；C为辕端横木下的小轮；D为小平轮；E为中心大平轮，装置在辕上的一个立轴上，其中心为O_1。辕则装置在车轴中间的一个短立轴上，其中心为O_2。木仙人装置在E轮立轴的最上端。当车一直向前走的时候，D与E两轮之齿彼此分离（就理论上说，间隙越小越好）。两边车轮的运动都不影响中心大平轮。木仙人的位置假定正指南方。当车向左转弯，辕的前端向左移，辕的后端一定向右移，使E轮和右边的D轮相衔接，结果E轮受右边车轮的影响向右转动，恰能抵消向左转弯的影响，使木仙人所指的方向不变。其余依此类推。又，记载上说："辕端横木下立小轮二，其径三寸，铁轴贯之。"可能是因中心大平轮和木仙人的重心偏在车轴后边，即偏在辕的转轴后边，这样可以使全车比较平衡，对传动不发生关系。

又根据原文的字句和最近得到的一条新资料，对于这样的推断也有一定的帮助。在原文里边，一次说："若折而东……触中心大平轮左旋四分之一。"又一次说："若折而西……触中心大平轮右转四分之一。"既是改变方向的时候才说触，可见直着走的时候是不接触的。又宋代陈师道所著的《陈后山集》里边载着："龙图燕学士肃……造指南车不成。出见车驰门动而得其法。"可能是他看到了当车急速转弯的时候，车门因惯性的关系向反方向移动，就想出利用车辕转弯时，它的后端就向反方向移动的作用来。

按照上边所说的结构实际上有一个很大的缺点，就是当转的弯太大，两轮的齿互相衔接不能再行深入的时候，车就不能再转。八十年以后，即大观元年（公元1107年），吴德仁使两个小平轮的齿加长并改为悬挂的方式，据我推想就是为了克服这一缺点。

在《宋史·舆服志》上关于吴德仁指南车的记载如下："大观元年，内侍省吴德仁又献指南车记里鼓车之制。……其指南车身一丈一尺一寸五分。阔九尺五寸。深一丈九寸。车轮直径五尺七寸。车辕一丈五寸。车箱上下为两层，中设屏风。上安仙人一，执杖。左右龟鹤各一。童子四，各执缨立四角。上设关捩卧轮一十三，各径一尺八寸五分，围五尺五寸五分，出齿三十二，齿间相去一寸八分。中心轮轴随屏风贯下。下有轮一十三。中至大平轮。其轮径三尺八寸，围一丈一尺四寸，出齿一百，齿间相去一寸二分五厘。通上左右起落二小平轮，各有铁坠子一，皆径一尺一寸，围三尺三寸，出齿一十七，齿间相去一寸九分。又左右附轮各一，径一尺五寸五分，围四尺六寸五分，出齿二十四，齿间相去二寸一分。左右叠轮各二，下轮各径二尺一寸，围六尺三寸，出齿三十二，齿间相去二寸一分。上轮各径一尺二寸，围三尺六寸，出齿三十二，齿间相去一寸一分。左右车脚上各立轮一，径二尺二寸，围六尺六寸，出齿三十二，齿间相去二寸二分五厘。左右后辕各小轮一，无齿，系竹篾并索在左右轴上。遇右转，使右辕小轮触落右轮。若左转，使左辕小轮触落左轮。行则仙童变（此字原书系交字）而指南。"

对于吴德仁指南车上层十三个齿轮的排列法，过去十几年以来，有两种不同的意见。主要的分歧点是对"左右龟鹤各一"一句的解释。鲍思贺先生对于这一句的解释是："左有一龟，右有一鹤。"加上四角各有一个童子，所以外围应有六个齿轮。中间也用六个齿轮和中心一轮联系。为了中间六个齿轮运动起来不致彼此妨碍，把中心一轮的厚度加大（至少等于其他各轮厚度的两倍），并交替着使六对齿轮一对偏上，一对偏下，彼此错开。如图114所示。这样因为十三个齿轮的齿数相同，外围六轮回转的方向和回转的程度一定和中心齿轮相同。就是说，中间木仙人若是受下层齿轮系的作用永指南方，外围的一龟一鹤四童子一定总和它保持着同一的方向。黄锡恺教授对于这一句的解释是："左右各有一龟一鹤。"加上四角各有一童子，所以外围应有八个齿轮。中间减用四个齿轮，每个带动外围的两个。如图115所示。后来我征求语文学家吕叔湘教授的意见，他认为后一解释比较正确。又看到故宫太和殿前的陈设是左右各有一龟一鹤，就认为黄锡恺教授的推断是比较正确的。

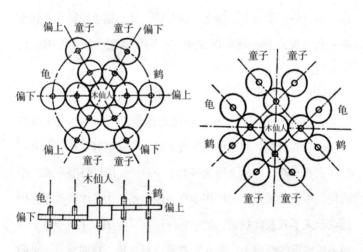

图114　吴德仁指南车上层的装置
（鲍思贺先生的推测）

图115　吴德仁指南车上层的装置
（黄锡恺教授的推测）

　中国机械工程发明史

对于吴德仁指南车下层齿轮系的组织推测如下：参看图116，设A代表右边车轮（左边完全相同），B代表右边车脚上的立轮，有32个齿。C代表右边能起落的小平轮，装在竹索之上，有17个齿，而且齿比较长。D代表右边的附轮，有24个

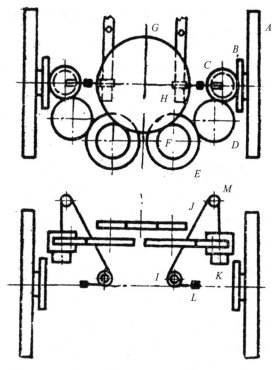

图116　吴德仁指南车下层齿轮系推测图

齿，只有变换方向的作用。E代表右边的下叠轮，有32个齿。F代表右边的上叠轮，也有32个齿。G代表中间大平轮，有100个齿。它的立轴一直通到上层，装木仙人的小轮装在它上边。H代表右边的后辕。I代表右边后辕上的小轮，没有齿。J代表竹索（原文为竹簧并索）。K为铁坠子。竹索的一端系在右轴L处，绕过I轮和上边的小滑车M，再下行，系住小平轮C，并在下端系上铁坠子K，使竹索总处在拉紧的状态。

开始时，假定车正向南行，木仙人、四童子和两龟两鹤也都头向南方。当向前直行的时候，两个被悬挂并且能够起落的小平轮C都空悬着，它的齿对B和D两个齿轮的齿都不接触。车轮的转动不影响中间的大平轮，因之也就不影响木仙人所指的方向。这时，假使车要向东转，就是说，车辕的前端要向左转，则车辕的后端必向右转（习惯上称这样转动为右转，所以原文上说"遇右转"）。竹索受到铁坠子的重力使右边的小平轮下降（同时使左边的小平轮更上升），使它的齿和B与D两轮的齿相衔接。右车轮转动的作用经过B、C、D、E、F等轮传到中间大平轮，使它前边相应地向西转，以抵消车辕前端向东偏时带着它也向东偏的结果，使木仙人所指的方向仍向正南，四童子和两龟两鹤所向的方向也不变。当车辕转动以后又一直向前的时候，两个小平轮又都回到原来悬空的地位。同理，当车辕前端向右转时，车辕的后端必向左转，左边一系列的齿轮发生作用，结果也使木仙人所指的方向不变，因之四童子和两龟两鹤所向的方向也不变。

又，吴德仁和燕肃二人指南车设计上不同的地方和所以不同的原因，据我推测大概是这样：在燕肃的指南车，当车直行时，小平轮和中心大平轮的齿应该不接触，就是说两轮的齿顶圆理想上应该恰恰相切，但是实际上应有一定的间隙。如果间隙失之过大，则转小弯的时候，不起作用。如果间隙很小甚至做到理想上的相切，没有间隙，则转大弯的时候，又受到一定的限制（因两齿轮互相接近，到一轮的齿顶圆和另一轮的齿根圆相切，就不能再行深入），结果指南车的运用会发生差误，甚至到一定的程度即不能再转下去。吴德仁改为能起落的两个小平轮，同时使它们的齿制得长一些，则活动的范围可以大大扩大。这是吴德仁对燕肃指南车改进的一个要点。又他的中心大平轮采用100个齿，如果仍用B和C等轮同大的周节，则齿轮必失之过大，这可能是使他采用叠轮的原因。一面使下叠轮的周节较大，以便和D轮相衔接；一面使上叠轮的周节较小，以便使中心大平轮减小。两个叠轮并没有变更速度的作用。他多加一个附轮是要使中心大平轮回转的方向仍和燕肃的相同。至于他增多一个上层并设置四童子和两龟两鹤与木仙人做同样的转动，不过是使动作更热闹些就是。

吴德仁的指南车已由中国历史博物馆复原出来，如图117所示。

4. 唐代一行梁令瓒水力天文仪器上所用的齿轮系

自张衡以后，直到唐代初年，即自公元130年左右到公元650年左右，吴有王蕃、葛衡，晋有陆绩，南北朝时宋有钱乐之，梁有陶弘景，隋初有耿询，都制造过浑仪或浑象，也都是用水力为原动力。他们无疑地也都采用了齿轮系。又，晋陆翔所著《邺中记》上载着："石虎（后赵，公元335—349年）

图117　吴德仁指南车复原图
（现陈列在中国历史博物馆）

中国机械工程发明史

有指南车及司里车，又有舂车木人及作行碓于车上，车动则木人踏碓舂。行十里成米一斛。又有磨车，置石磨于车上。行十里辄磨麦一斛。"这无疑也采用了齿轮或齿轮系。但是就记载上看，都没有超过张衡的创造。直到唐代开元十三年（公元725年）一行和梁令瓒所创作的水力天文仪器才又有新的发展。

首先它在计时方面，加上每一刻就自动地击鼓，每一辰（辰就是时辰，相当于现在的两小时）就自动地撞钟的机构。其次，它在浑象以外，更加上日环和月环，很规律地表示太阳和月亮的运转。而且浑象、太阳和月亮三种运动以及自动击鼓撞钟的动作都是由一个水轮的运动而来。这是相当复杂的一种齿轮系机构。

《新唐书·天文志》上载着："……又诏一行与令瓒等更铸浑天铜仪圆天之象，具列宿赤道及周天度数。注水激轮，令其自转。一昼夜而天运周。外络二轮，缀以日月，令得运行。每天西旋一周，日东行一度（按：当时是把浑象全周分为365°），月行一十三度十九分度之七。二十九转有余而日月会。三百六十五转而日周天。以木柜为地平，令仪半在地下。晦明朔望，迟速有准。立木人二于地平上，其一前置鼓以候刻，至一刻则自击之。其一前置钟以候辰，至一辰亦自撞之。皆于柜中各施轮轴，钩键关锁，交错相持。"

《全唐文》卷二百二十三，张说"进浑仪表"上叙述的内容完全相同。唯最后又加上"转运虽同而迟速各异；周而复始，循环不息"几句。

我们看：以上的叙述把浑象和日月等的相关运动说得是相当清楚的，但是关于机械传动上的组织只说了最后几句笼统话。如果只有这些资料，我们是很难加以推测的。幸而后来在北宋宣和年间王黼（详后）和元代郭守敬（详后）又曾制造过这样水力天文仪器，并且记载得比较清楚，把所用的齿轮数目都说出来了，所以我们敢于根据齿轮系的原理加以合理地推测。

由水轮的转动使浑象很规律地按着等速运动每天回转一周是比较容易设计的，因为在张衡的水力天文仪器上已经有先例。由木人按一定的时刻自动地击鼓撞钟，是采取了自汉代以来记里鼓车的机构。这里都不再加以叙述。现在只研究和推断出：由每天回转一周的轴间接着再带动日环和月环，使日环每天只回转 $\frac{1}{365}$ 周，使月环每天只回转 $13\frac{7}{19}$ 周，所需要具备的齿轮系。

因为记载上说："每天西旋一周，日东行一度，月行一十三度十九分度之七。二十九转有余而日月会，三百六十五转而日周天。"可知当时他们认为太阳绕天体右旋的速度与天

中国机械工程发明史

体旋转的速度之比为$\frac{1}{365}$。

根据齿轮系的设计原理，因为$\frac{1}{365}$可以分解为$\frac{1}{5} \times \frac{1}{73} = \frac{1}{5} \times \frac{1}{12} \times \frac{12}{73} = \frac{12}{60} \times \frac{6}{72} \times \frac{12}{73}$，参看图118，设A代表装在日环上的太阳，B代表装在月环上的月亮，C代表浑象。并假设当立轴回转一周的时候，经过轴上端齿轮的传动，浑象恰转一周。

倘1是固定在立轴上的一个齿轮，它每天只转1周。经过2、3、4、5、6等齿轮的传动，最后带动日环。当1、2、3、4、5、6六个齿轮的齿数依次为12、60、6、72、12、73时，则当浑象回转一周时，或回转365°时，太阳即向右旋转1°。

同理，因为月亮绕天体右旋的速度与天体回转的速度之比为$\frac{13\frac{7}{19}}{365}$，又因$\frac{13\frac{7}{19}}{365} = \frac{254}{365 \times 19} = \frac{127}{73} \times \frac{2}{5} \times \frac{1}{19} = \frac{127}{73} \times \frac{6}{15} \times \frac{6}{114}$，倘7也是固定在立轴上的一个齿轮，经过8、9、10、11、12等齿轮的传动，最后带动月环。当7、8、9、10、11、12六个齿轮的齿数依次为127、73、6、15、6、114时，则每当浑象回转一周时，或回转365°时，月亮即向右旋转$13\frac{7}{19}°$。

这样设计，本来已可以达到记载上所说的相关运动。但是当中国历史博物馆决定进行复原工作时，我们又考虑到下列两点加以修正。

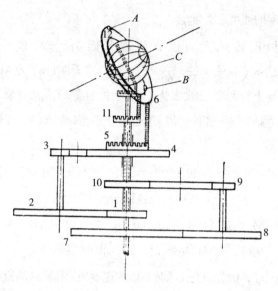

图118　一行梁令瓒水力天文仪器中齿轮系第一次推测图

第一，上边所说的结构是假定10和11两个齿轮固定在立轴上的一个套筒上，4和5两个齿轮更套在前一个套筒的外面。这在钟表机构上为了减少全部机构所占的空间，是普遍采用的一种装法，但在唐代的时候是否能达到这种程度？没有多少根据。第二，根据我国天文学史家的意见，日环和月环不应在同一平面上。在开元年间，我国天文家已经知道：日环应对赤道倾斜$23\frac{1}{2}°$，月环应对日环倾斜5°。根据这样的意见，我们

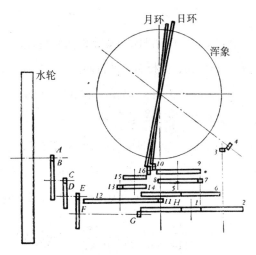

图119　修正后的一行梁令瓒水力天文仪器中各齿轮系的推想图

又重新研究了一下各组齿轮组织的情况，结果如图119所示。

第一组齿轮，由水轮轴上的A轮起，到H轮止，它们的齿数依次为6、48、6、30、6、36、6、48，倘H轮每天回转一周，则水轮每天须回转$\dfrac{48\times30\times36\times48}{6\times6\times6\times6}=1920$周，即每小时须回转80周。

第二组齿轮，由H轮间接着带动浑象，并使齿轮1的齿数为24，齿轮2的齿数为48，齿轮3与4的齿数均为12，这样浑象也就每天只转一周。这一组齿轮只是为了便于装置，在速比上没有变化。也可以用其他齿数和其他数目的齿轮相组合，达到同样的目的。

第三组齿轮，由固定在H轮立轴上的齿轮11起，经过齿轮12、13、14、15、16，间接着带动日环。它们的齿数是：6、72、12、60、12、6、73（日环周围有齿73）。倘H轮每天回转一周，则日环应转$\dfrac{6 \times 12 \times 12}{72 \times 60 \times 73} = \dfrac{1}{365}$周。

第四组齿轮，由固定在H轮立轴上的齿轮5起，经过齿轮6、7、8、9、10，间接着带动月环。它们的齿数是：127、114、6、60、24、6、73（月环周围也有齿73）。倘H轮每天回转一周，则月环应转$\dfrac{127 \times 6 \times 24}{114 \times 60 \times 73} = \dfrac{254}{19 \times 365} = \dfrac{13\frac{7}{19}}{365}$周。

其中有一部分对于速比不发生关系的齿轮，如齿轮10与齿轮16，也是因为便于装置和改变方向的原因加上去的。

因为日环、月环和浑象的回转轴没有落在一条直线上，我们采用在浑象的子午圈和地平圈挖空槽的办法加以解决，使两环的齿向侧面伸出，如图120所示。这一种水力天文仪器已经复原成功，并陈列在中国历史博物

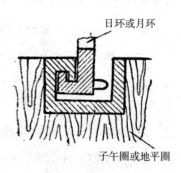

图120　日环月环经过子午圈和地平圈装置图

图121　一行梁令瓒水力天文仪器复原图
（其时陈列在中国历史博物馆）

馆中，如图121所示。

5. 北宋苏颂韩公廉所制水运仪象台上所用的齿轮系

北宋哲宗元祐初年（公元1086—1089年）苏颂和韩公廉所制的水运仪象是把浑仪浑象和机械性计时器都组织在一种装置之内，装置在一个仪象台里边。原动力是由一个等速回转的水轮而来。

水运仪象台的外观如图122所示。台上边置浑仪，中间置浑象。下边建成五层楼阁，中间立装一个机轮轴。机轮轴上端由一个名叫天束（12）的横梁约束住，下边放在一个枢臼之中。参看图123。机轮轴上共装有八个轮。两个是齿轮。其中一个装在天束之上，名叫天轮（11），具有600个齿，直接或经过一个中轮与浑象的赤道牙（即沿着赤道的一个齿轮）相衔接。另一个装在机轮轴的中部，名叫拨牙机

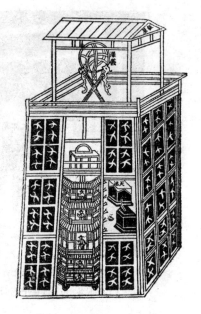

图122　苏颂水运仪象台外观
（采苏颂《新仪象法要》）

轮（16），也具有600个齿。其余的六个轮（13，14，15及17，18，19）都是为报时或表示时刻用的①。

在这一种水力天文仪器上采用的齿轮系有两个：一个是由

---

① 刘仙洲："中国在计时器方面的发明"。《天文学报》，第4卷第2期，1956年12月。

中国机械工程发明史

水轮1（枢轮）的等速回转运动，经过齿轮3、4、5、16、11及10等使浑象得到每天等速回转1周的运动；一个是由水轮1的等速回转运动，经过齿轮3、4、6、7、8、9等，使浑仪的天运环得到每天等速回转1周的运动。

在《新仪象法要》一书上，只给出齿轮16及11各具有600个齿。其余齿轮的齿数都没有给出来。

因为机轮轴上六个具有报时或表示时刻作用的六个轮都是每天等速回转1周，浑象也是如此，所以浑象上的赤道牙一定也是有六百个齿。再假定齿轮3和5的齿数均为6，齿轮4的齿数为96，则水轮每天的回转数应为

$$1 \times \frac{600 \times 600 \times 96}{600 \times 6 \times 6} = 1600 \text{周，即每小时} 66\frac{2}{3}\text{周。}$$

又，就书上给出的图看，齿轮6的齿数只有3个，再假定齿轮7与8的齿数相同，则浑仪上天运环的齿数T_9可求之如下：

$$\frac{1600}{1} = \frac{T_9 \times 96}{3 \times 6},$$

或

$$T_9 = \frac{1600 \times 3 \times 6}{96} = 300。$$

图123右半边的附图是由枢轮带动天运环的另一种传动机构，在齿轮系中插入了一个链条和两个链轮。

在苏颂的水运仪象台里边有一种特殊的设备是从前各种水力天文仪器都没有提到过的。这种设备叫作天衡。当枢轮由漏

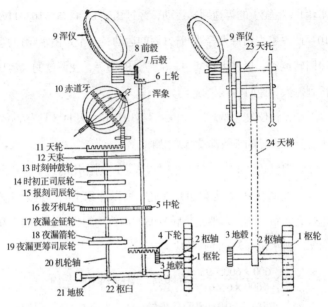

图123 苏颂水运仪象台内部组织

水冲着转动的时候，天衡能够对它加以控制。它的构造如图
124所示。

在枢轮之上，设有天关、左天锁、右天锁等部分，以控制
枢轮的转动。在枢轮之下，设有退水壶，以接受由枢轮下流的
水。在枢轮之旁，设有天条、格叉、关舌等部分。当枢轮不转
动的时候，它圆周上恒有一个凸出部分架在格叉之上。当受水
壶内接受的漏水不到一定的重量的时候，天关反抗着天权和天

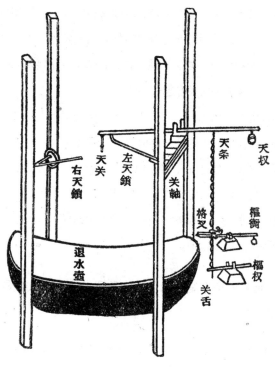

图124 天衡图
（采苏颂《新仪象法要》）

条等的重力阻止着枢轮不使它转动；到达一定的重量的时候，格叉处因压力增大而下降，同时经过天条及天衡使天关被提上升，这样就使枢轮向右转动。但转过一壶以后，格叉处所受的压力去掉，关舌和格叉等受枢衡枢权等的影响又行上升，同时经过天条及天衡又使天关下落，枢轮又被阻住。这样使枢轮的转动因漏水量的等时性也得到等时性。右天锁相当于一个止动卡子，就《新仪象法要》上说，它具有防止枢轮倒转的作用。左天锁似乎是限制天关升起过高的。

《宋史·律历志》，有关王黼造机衡的记载上有"玉衡植于屏外，持扼枢斗"的话，也指的是这种机构。

这一机构的构造和作用已相当于后来西洋钟表的擒纵器或卡子的作用，是极有意义的一种发明。

这一种水力天文仪器已由王振铎先生指导着复原了，现陈列在中国历史博物馆中。

6. 北宋末年王黼和元代郭守敬所制水力天文仪器上所用的齿轮系

《宋史·律历志》上载着，宣和六年（公元1124年）王黼制了一种所谓玑衡的水力天文仪器。原文内载着："……每天左旋一周，日右旋一度。……月行十三度有余。……注水激轮。其下为机轮四十有三。钩键交错相持，次第运转，不假人力。多者日行二千九百二十八齿，少者五日行一齿。疾徐相远如此，而同发于一机，其密殆与造物者侔焉。"

《元文类·郭守敬行状》里载着："……大德二年（公元

1298年）起灵台水浑。……大小机轮凡二十有五，皆以刻木为冲牙，转相拨击。上为浑象，点画周天度数。日月二环斜络其上。象则随天左旋，日月二环，各依行度，退而右转。"

根据以上两项记载，我们可以看出：王黼和郭守敬所制的两种水力天文仪器，主要部分都和唐代一行梁令瓒所制的相同。有一些细节可能更为复杂。且每种之中至少采用了三个齿轮系。王黼的设计采用了四十三个机轮，郭守敬的设计采用了二十五个机轮也可以说明这一点。又在王黼的设计里边，五日行一齿的齿轮，一定是代表太阳运行的，因为全轮若有73个齿，它365天恰转一周。每日行2928齿的齿轮，一定是装在水轮轴上的第一个原动齿轮。如果它具有六个齿的话，那么水轮每天的转数应该是488次。

这两种还没有加以详细的分析和推测。但是它们都采用了复杂的齿轮系是肯定的。

7. 元末明初詹希元所制五轮沙漏上所用的齿轮系

《明史·天文志》上载着："明初詹希元以水漏至严寒水冻辄不能行，故以沙代水。然沙行太疾，未协天运，乃于斗轮之外，复加四轮，轮皆三十六齿。"在《明文奇赏》宋濂文中及《宋学士全集》中都载有《五轮沙漏铭》一篇，其序文说："沙漏之制，贮沙于池而注于斗。凡运五轮焉。其初轮轴长二尺有三寸，围寸有五分，衡奠之。轴端有轮，轮围尺有二寸八分，上环十六斗。斗广八分，深如之。轴杪傅六齿。沙倾斗运，其齿钩二轮旋之。二轮之轴长尺，围如初轮。从奠之。轮之围尺有五寸，轮齿三十六。轴杪亦傅六齿，钩三轮旋之。三轮之围轴与二轮同，其奠如初轮。轴杪亦傅六齿，钩四轮旋之。四轮如三轮，唯奠与二轮同。轴杪亦傅六齿，钩中轮旋之。中轮如四轮。余轮侧旋，中轮独平旋。轴崇尺有六寸。其杪不设齿，挺然上出，贯于测景盘。盘列十二时，分刻盈百。劙木为日形，承以云丽于轴中，五轮犬牙相入，次第运益迟。中轮日行盘一周，云脚至处则知为何时何刻也。……轮与沙池皆藏机腹，盘露机面。旁刻黄衣童于二，一击鼓，一鸣钲。……"

就所用齿轮系的组织看，已很和后来西洋时钟里边的齿轮系相似。根据宋濂所说的情形全轮系的组织应如图125所示。

《明史·天文志》上又载着："厥后周述学病其窍太小而沙易堙，乃更制为六轮。其五轮悉三十齿，而微裕其窍，运行始与晷协。"

因为原来四对齿轮，每一对的速比都是6，全轮系的速比是1296，即每天指针转一周，初轮应转1296周。周述学改变以

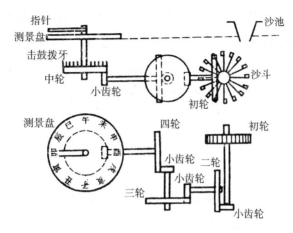

图125　五轮沙漏推测图

后，每一对的速比都是5，全轮系的速比是3125，即每天指针转一周，初轮应转3125周。所以沙孔可以扩大一些，沙流下时就不致发生拥塞的情形了。

就以上七项实例看，可知我国远自公元前二百年左右起（西汉初年），直至14世纪（元末明初），对于齿轮系的传动作用的运用已达到相当高度的水平。就原理上分析，至少已掌握了下列各点：①由不同齿数的齿轮互相组合起来可以得到很规律的减慢的速度；②由一个原动轮的回转运动，可以传达到两个或多个从动轮，以得到彼此不同速度不同方向的运动；③由一个中轮的嵌入或离开，可以任意使从动轮受到或不受到原动轮的作用；④由插入中轮的作用，可以任意变更从动轮回转的方向或变更全机构所占空间的大小；⑤两个齿数相同的齿轮，中间插入一个中轮，可使它们按同一速度同一方向回转。所有这些可以说是把一般齿轮系的规律都掌握了。

四、用凸轮传动

凸轮是由一个轴的连续回转运动传达到另一个机件上使它发生预期的间歇运动或比较复杂的运动的一种机件。我国在这方面的发明和应用也是很多的。不过名称很不一致。有的叫拨子，有的叫关掫拨子，有的叫拨牙，有的叫拨板，更有叫滚枪的。在原理上它们都是具有一种凸轮的作用。现在举出几种实例如下：

1. 水碓上所用的凸轮

我国的连机水碓是一个很好的凸轮传动实例。它的构造如前图70所示。在装置水轮的长轴上，装上若干组拨板（多为四组，每组有拨板四个），并使各组在圆周上的方向彼此错开，力量更均匀一些（例如：四组共有16个拨板，装置时使每一组比前一组落后 $22\frac{1}{2}°$ ）。当每一个拨板转下时，下压碓杆的一头，使另一头升起。当拨板转过以后，由于碓自身的重力即下舂一次。因为在桓谭（公元前24年—公元56年）《新论》上已提到"役水而舂，其利百倍"的话，可知凸轮的发明至晚应在西汉末年，即至少应已有约二千年的历史了。

2. 水力天文仪器上所用的凸轮

我国的水力天文仪器创始于张衡。《晋书·天文志》上载着："至顺帝时（公元130年左右）张衡又制浑象。……以漏水转之于殿上室内。星中出没，与天相应。因其关捩又转瑞轮蓂荚于阶下。随月虚盈，依历开落。"《文选》，张衡"东京赋"上载着："盖蓂荚为难莳也，故旷世而不觌。惟我后能植之，方将数诸朝阶。"注："蓂荚瑞应之草，王者贤圣太平和气之所生。生于阶下。始一日生一荚，至月半生十五荚。十六日落一荚，至晦日而尽。小月则一荚厌而不落。"

有关蓂荚的记载还有下列两条：

班固，《白虎通德论·封禅》："……日历得其分度，则蓂以荚生于阶间。蓂荚树名也，月一日生一荚，十五日毕。至十六日去荚。故荚阶生似日月也。"按：《白虎通德论》系班固记载后汉章帝建初四年（公元79年）诏诸儒会白虎观讲议五经同异的事。时间早于张衡。

《宋书·符瑞志》上："帝尧……又有草夹阶而生。月朔始一荚，月半而生十五荚。十六日以后，日落一荚，及晦而尽。月小则一荚焦而不落。名曰蓂荚，一曰历荚。"

在张衡的水力天文仪器上，由水轮的运动经过一个齿轮系使浑象很规律地每天恰回转一周，已于本章"张衡水力天文仪器上所用的齿轮系"一节上加以叙述。现在再接着叙述一下由每天回转一周的轴带动控制蓂荚开落的部分。

因为控制蓂荚开落的轴回转一周，要代表一个月的时间，就是说：当浑象回转一周，它只回转三十分之一周。或者说是每天只回转12°。如果遇到一个月只有29天的月份，就得用手帮助它回转12°，再继续自动地运行。仍参看前图112，在齿轮8的下面，装上一个12个齿的齿轮9，和一个60个齿的齿轮10相衔接。再在齿轮10的轴上（这一个轴需要有足够的长度才能达到所谓"阶下"）装上一个15个齿的齿轮11，和一个90个齿的齿轮12相衔接。这样，每当浑象回转一周，齿轮12只回转

$$1 \times \frac{12}{60} \times \frac{15}{90} = 1 \times \frac{1}{5} \times \frac{1}{6} = \frac{1}{30} 周。$$

其次是在齿轮12的轴上，装置作用蓂荚的凸轮的问题。

因蓂荚开落是一种间歇运动，每个蓂荚的升起（开）和降落（落），各占十五天，且每一个的动作都比前边一个落后一天，这样就必须用十五个同样的凸轮作用十五个蓂荚，但是每

一个比前一个的作用落后一天。

　　达到这样一种运动的凸轮机构是相当费思索的。而且在所有记载张衡水力天文仪器的文献里边都没有给出任何的启示。汉代以后，所有创制水力天文仪器的人又都没有继承张衡这一自动表示每月日数的装置。后来我们推想：在张衡以前一百多年的时期，已经发明了水碓，而水碓的机构主要是由一个立式水轮带着一个横轴回转（仍参看前图70），在横轴上错纵着装上具有凸轮作用的拨板若干个。当水轮转动时，这些拨板按着一定的次序向下拨动各个碓杆的一头，使碓杆的另一头时起时落。张衡很可能是受到这一机构的启示，改为在一个立轴上装上十五个具有凸轮作用的拨板，使它们依次分别作用十五个葜荚，各按着应有的时刻升起和降落。

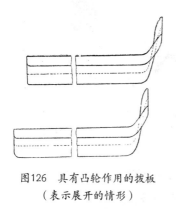

图126　具有凸轮作用的拨板
（表示展开的情形）

仍参看前图112，在齿轮12的轴上装一个高约七尺的圆柱。并在它的周围，由下往上装上十五条具有凸轮作用的拨板。每一个拨板展开后的形状略如图126所示。每一个的长度约占180°稍多一点就够了（详后）。因为当每一个蓂荚降落后的一段时间里边，只用它自身的重力就可以保持它应在的地位，不必再用拨板作用它。假定每一个蓂荚在升起和落下的位置各对水平成45°。由右端起，开始时使板面向下倾斜45°，越向左越变为与立柱垂直。转过6°的时候，就完全与立柱垂直。过此以后变为逐渐向上倾斜。转过12°的时候，即向上倾斜45°，直到最左端为止。蓂荚的形状，根据《金石索》一书上所采汉武氏石室祥瑞图的蓂荚图（如图127所

图127　《金石索》上的蓂荚图
（采冯云鹏《金石索》）

中国机械工程发明史

示），制成一个杠杆形的长叶，外端较长较重，并将尖端展为叶片状。内端特短，如图128右边所示。在末尾装上一个灵活转动的小球（没有也可以），以减轻被拨板推动时的摩擦力。又由下往上，每个拨板均较下边一个偏前12°。

假定每一个蓂荚都是在前一天的中午就开始上升，到该升起的那一天的中午完全升起，到应该落的那一天上午六时（相当于从前的卯时正）立即落下。这样，每一拨板在圆柱上的全长应该包着189°。开始上升到完全升起，拨板上曲线的一部分占12°。图126和图128所表示的拨板就是按照这样设计的。如果愿意使蓂荚缓缓地下落，假定每一蓂荚在前一天的中午就开始下落，到应该落的那一天中午才完全落下，则每一拨板在圆柱上的全长应该占192°。开始上升到完全升起及开始下落到完全落下，拨板上曲线的部分各占12°，但弯曲的方向恰相反。立柱的外面围着一个套筒。在套筒的周围，沿着一条整螺旋形的曲线（把表面展开时成一条斜直线，如图129所示），共开十五个长方口。每一个口上横装一个小横轴，把十五个蓂荚分别装在各小横轴上。各长方口在横的方面中心相距24°，使十五个蓂荚很均匀地沿着一条螺旋线绕套筒一周。这样结构就完全可以达到所要求的动作。

为了调整一个月只有二十九天时的差异，把齿轮11用一个

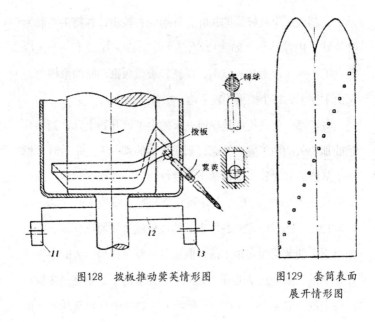

图128　拨板推动蓂荚情形图　　　图129　套筒表面
　　　　　　　　　　　　　　　　　　　展开情形图

滑键活装在轴上，使它可以由齿轮12移开，同时在它的对方再装上一个小齿轮13，也是活装在轴上，可以左右移动一定的距离。遇到某个月只有二十九天的时候，在第十四个蓂荚落下以后，一面把齿轮11移开，一面把齿轮13向左移（也是装在一个滑键上，平时把它管住在右边一些），使与齿轮12衔接，并转动它三个齿，即相当于第三十天应转的齿数，第十五个蓂荚即行落下。然后仍使两个齿轮恢复原来的位置。这样就又由下一个月的初一开始了。在每月有三十天的月份，就无须调整（近

中国机械工程发明史

图130　张衡水力天文仪器复原图

（现陈列在中国历史博物馆）

代装有表示每月日数的挂钟，对于不同日数的月份也是这样调整）。这一设计也已由中国历史博物馆复原成功了。图130表示张衡水力天文仪器经中国历史博物馆复原后的情形。

在唐代一行和梁令瓒创作的水力天文仪器上所说的"立木人二于地平上，其一前置鼓以候刻，至一刻则自击之；其一前置钟以候辰，至一辰亦自撞之"，无疑采用的是凸轮机构。

在北宋苏颂的水运仪象台上，在木阁第一层，钟鼓轮上装有"拨牙"。每时初（每一时辰开始时）即有服绯司辰于左门内摇铃，每刻至即有服绿司辰于中门内击鼓，每时正即有服紫司辰于右门内扣钟。所说的"拨牙"都是相当于凸轮的传动机件。又在木阁第四层，设有夜漏金钲轮，上设夜漏更筹箭，每筹施一拨牙。每更筹至，日入，日出，皆击金钲。所说的"拨牙"也和凸轮的作用相同。

此后王黼郭守敬等的水力天文仪器及詹希元的五轮沙漏，它们的自动击鼓击钟的部分无疑都是采用的凸轮传动的原理。

3. 记里鼓车上所用的凸轮

在本章前边"用齿轮和齿轮系传动"一节上，有关记里鼓车上击鼓击镯的机构都是和凸轮机构相同。如果《西京杂记》上所载的记道车是可靠的话，则凸轮的发明更当上推二百多年。

4. 小孩风车上所用的凸轮

在第四章"风力"一节上所述的小孩风车，其中拨动敲鼓小横杆的小横板完全起着凸轮的作用。

5. 舂车上所用的凸轮

《邺中记》上载着："石虎有舂车木人及作行碓于车上。

车动则木人踏碓舂。行十里成米一斛。”木人踏碓的机构一定是一种凸轮机构。

6. 走马灯上所用的凸轮

在第四章“热力”一节中所叙述的走马灯，其中在内层立轴上所装的细铁丝也是具有凸轮的作用。因为它每次回转到前面的时候就拨动由外层伸入的细铁丝一次，使纸人等发生一定的运动。转过去以后，作用就又停止了。这完全是一种凸轮传动的性质。

五、用杆传动

我国对于用杆传动的实例也很多，谨举几种如下：

1. 脚打罗

用罗筛面的工作普通多系用人手的力量。脚打罗系利用一部分身体的重力（这也是利用重力的一个例子）由两脚工作。这种罗的装置法可参看图131。用绳把面罗悬在一个大面箱里边，两边各装一杆通到箱的外部，再由一个摇杆带动它。这一个摇杆再装置在下部具有横杆的一个横轴上。人用两脚交替踏动横杆的两头，则摇杆左右摆动，面罗即受其影响往复摆动而筛面。

又在通到箱外的两杆上，按左右摆动的范围装上两个短横杆，并在当中立一个撞杆（图上叫作撞机），使往复摆动的时候各发生撞击一次，则筛面的效果更加增大。人工作的时候，若把两肘俯在一个悬挂着的横杆或横板

图131 脚打罗图
（采宋应星《天工开物》）

上，更可以减轻劳累的程度。我们看，这样的结构是由两脚交替地踏动，经过几个杆传达到面罗变成它的往复运动。

2. 水击面罗

水击面罗，在罗的一方面和上段所述的脚打罗完全相同。只是使两杆往复运动的原动力是由一个水轮传来。传动的情况如前图67所示。水轮的转动先带动一个大绳轮，再由绳套带动一个小绳轮。在小绳轮上装置一个曲柄。由一个连杆先传到

中国机械工程发明史

图132 土砻图
（采宋应星《天工开物》）

中间横放的一个摆动轴上。由摆动轴再经过一个摆动杆和一个连杆传到面罗的两杆上，使它们带动面罗往复运动。实际上相当于两个曲柄连杆机构的组合。

3. 水力风箱

水力风箱就是第四章"水力"一节里边的水排。它的构造和水击面罗完全相同，而且是在东汉初年（公元31年）发明的。

4. 砻或砻磨

砻是用以去掉稻粒外壳的磨。前在第四章"牲畜力"一节上曾叙述过一种畜力砻。人力砻则是一种用杆传动的实例，如图132所示。用绳悬挂一个横杆，再用一个连杆和砻上的曲柄相连。当人用两手往复地并且稍有摆动地推动横杆，就可以经过连杆曲柄等件使砻的上半发生连续的转动。这一种机构，就原理说，也是一种曲柄连杆机构。

5.轧花机

我国用人力轧棉花的轧车，主要的运动是把右脚向下踏动的运动间接传达到一个轴上去，使它发生连续的转动。它的构造和功用如前图35所示，不再详述。工作的时候，先用左手向前搬动飞轮使它开始转动，随着用右脚踏动脚踏杆，就能连续地转动下去，铁轴也就跟着转动。一面用右手经过曲柄转动下边的木轴，与铁轴转向相反，使两轴之间向内。用左手把籽棉喂到两轴之间，则棉籽落在前边，皮棉或绒棉落到后边。主要的传动机构也相当于一种曲柄连杆机构。

六、各种自动机构

在我国旧日的记载里边，还有不少属于自动机构的发明。虽说没有图的表示和缺乏详细的记载，但多数可以看出它们都是采用杆的传动和凸轮的传动。谨择要分类叙述如下：

1.记里鼓车及水力天文仪器上的自动机构

（1）在记里鼓车及水力天文仪器两项发明里边，都有自动机构的部分。在记里鼓车上开始时只是行一里就自动地打一下鼓；后来更加上行十里就自动地打一下钟或敲一下镯。它们在性质上都是属于自动机构的。

（2）在水力天文仪器上，如张衡利用拨板控制十五个葵荚按每月的日数自动地起落；一行梁令瓒利用拨牙使每一刻自动地击鼓，每一辰自动地撞钟；苏颂也是利用拨牙使每一个时辰的开始自动地摇铃，每一刻自动地击鼓，每一个时辰的正中自动地撞钟。后来王黼的水力天文仪器和詹希元的五轮沙漏也都具有同样的自动机构。

元代郭守敬创制的大明殿灯漏，其中自动的机构就更加复杂了。关于它的记载如下。《新元史·历志二》（《元史·天文志》所载同）："大明殿灯漏之制，高丈有七尺。架以金为之。其曲梁之上，中设云珠，左日右月。云珠之下复悬一珠。梁之两端，饰以龙首。张吻转目可以审平水之缓急。中梁之上有戏珠龙二，随珠俯仰，又可察准水之均调。凡此皆非徒设也。灯球杂以金宝为之。内分四层，上环布四神，旋当日月参辰之所在。左转日一周。次为龙虎鸟龟之象，各居其方，依刻跳跃。铙鸣以应于内。又次周分百刻，上列十二神，各执时牌，至其时四门通报。又一人当门内，常以手指其刻数。下四隅钟鼓钲铙各一人。一刻鸣钟，二刻鼓，三钲，四铙。初正皆如是。其机发隐于柜中，以水激之。"

由以上的记载看，可知在这种仪器上边的自动机构，不但能使龙虎鸟龟之象依刻跳跃，又能使四个木人一刻鸣钟，二刻鼓，三钲，四铙。更进一步的是能自动地利用"龙首张吻转目以审平水之缓急，随珠俯仰，以察准水之均调"。

（3）《古今图书集成》引元氏《掖庭记》："帝（指顺帝）又自制宫漏，约高六七尺。为木柜藏壶其中。运水上下。柜上设西方三圣殿，柜腰设玉女捧时刻筹，时至则浮水而上。左右列二金甲神人。一悬钟，一悬钲。夜则神人能按更而击，分毫无爽。钟鼓鸣时，狮凤在侧飞舞应节。柜两旁有日月宫。宫前飞仙六人。子午之间，仙自耦进，渡桥进三圣殿。已复退立如常。"

（4）《明史·天文志》："明太祖平元，司天监进水晶刻漏。中设二木偶人，能按时自击钲鼓。太祖以其无益而碎之。"

又《明实录·太祖》："洪武元年（公元1368年）冬十月甲午，司天监进元主所制水晶宫刻漏，备极机巧。中设二木偶人，能按时自击钲鼓。上览之，谓侍臣曰：废万几之务而用心于此，所谓作无益害有益也。使移此心以治天下，岂至亡灭。命左右碎之。"

　　　　　　　　　　　　　　中国机械工程发明史

2. 由自动的木人或其他动物发出种种运动

（1）刘歆，《西京杂记》："作九层博山香炉，镂为奇禽怪兽，穷诸灵异，皆自然运动。"（《初学记》上运字作能）

（2）傅玄，《傅子》："有上百戏者，能设而不能动。帝（指魏明帝）以问先生（指马钧），可动否？钧曰：可动。帝曰：其巧可益否？对曰：可益。受诏作之。以大木雕构，使形若轮。平地旋之，潜以水发焉。设为歌乐舞象，至令人击鼓吹箫。作山岳，使木人跳丸，掷剑，缘緪倒立，出入自在。百官行署，舂磨斗鸡，变巧百端。"

《太平御览》，《魏书·方伎传》，均有类似的记载。

（3）汤球《晋阳秋辑本》："衡阳区纯者，甚有巧思。造作木室，作一妇人居其中。人扣其户，妇人开户而出，当户再拜。还入户内，闭户。又作鼠市于中，四方丈余。开有四门，门中有一木人。纵四五鼠于中，欲出门，木人辄以椎椎之（一作辄推木掩之），门门如此，鼠不得出。"《搜神后记》上也载着："东晋元帝太兴中（公元318—321年）有衡阳区纯，善机巧。尝作鼠市，四方丈余。开四门，门有一木人。纵四五鼠于。欲出门，木人辄以手击之。"

（4）陆翙《邺中记》："石虎性好佞佛，众巧奢靡，不可纪也。尝作檀车，广丈余，长二丈。四轮。作金佛像坐于车上，九龙吐水灌之。又作木道人，恒以手摩佛心腹之间。又十余木道人，长二尺余，皆披袈裟绕佛行。当佛前，辄揖礼佛，又以手撮香投炉中，与人无异。车行则木人行，龙吐水。车止则止。亦解飞所造也。"

（5）俞安期《唐类函》卷二百七十二："胡太后（北齐，公元550—577年）使沙门灵昭造七宝镜台。合有三十六户。每户有一妇人执锁。才下一关，三十六户一时自闭。若抽此关，诸门皆启，妇人各出户前。"

（6）《考工典》卷二五〇引《山西通志》："马待封（唐代人）为皇后造妆具，中立镜台。台下两层，皆有门户。后将栉沐，启镜奁后，台下开门，有木妇人手巾栉至。后取已，妇人即还。面脂妆粉，眉黛髻花等，皆木人继送，毕，则门户复闭。凡供给皆木人。妆罢门尽阖，乃持去其台。……"

（7）封演《封氏闻见记》卷下："道祭，大历中（公元766—779年）太原节度使辛景云葬日，诸道节度使使人修范阳祭。祭盘最为高大。刻木为尉迟郑公突厥斗将之戏。机关动作，不异于生。祭讫，灵车欲过。使者请曰，对数未尽。又停车，设项羽与汉高祖会鸿门之象，良久乃毕。"

（8）张鹭《朝野佥载》："洛州殷文亮曾为县令。性巧，好酒。刻木为人，衣以绘彩，酌酒行觞，皆有次第。又作妓女，歌唱吹笙，皆能应节。饮不尽则木小儿不肯把杯，饮未竟则木妓女歌管连催。此亦莫测其神妙也。"

同书上载着："将作大匠杨务廉甚有巧思，尝于沁州市内刻木作僧。手执一碗，能自行乞。碗中钱满，关键忽发，自然作声云：'布施'。市人竞观。欲其作声，施者日盈数千。"

同书上载着："则天如意中（公元692年）海州进一匠，造十二辰车。回辕正南则午门开，马头人出。四方回转，不爽毫厘。"

3. 用自动机构捕捉动物

（1）王安石《周官新义》："秋官，冥氏掌设弧张。为阱攫以攻猛兽，以灵鼓驱之。"注："设弧以射之，设张以伺之，为阱攫以陷之。以灵鼓驱之，则使趋所陷焉。"

（2）张鷟《朝野佥载》："郴州刺史王琚刻木为獭，沉于水中，取鱼，引首而出。盖獭口中安饵，为转关。以石缒之则沉。鱼取其饵，关即发。口合则衔鱼，石发则浮出。"

（3）沈括《梦溪笔谈》卷七："庆历中（公元1041—1048年）有一术士，姓李，多巧思。尝木刻一舞钟馗，高二三尺。右手持铁简，以香饵置钟馗左手中。鼠缘手取食，则左手扼鼠，右手用简毙之。"

（4）余庆远《维西见闻纪》："地弩，穴地置数弩，张弦控矢，缚羊弩下。线系弩机，绊于羊身。虎豹至，下爪攫羊。线动机发，矢悉中虎豹胸，行不数武皆毙。"

（5）《喷饭集》："都人不养猫者，以木匣前开一小孔，内悬块肉。上挂木板为门扇。匣盖上安关捩。鼠衔肉力曳，则捩动门板落，不能出矣，故名木猫。"

清代麟庆所著的《河工器具图说》上有狐柜一种，它的构造和上边所说的木猫相同，如图133所示。"前以挑棍挑起闸板，以撑杆撑起挑棍。后悬绳于挑棍，而系消息于柜中。以鸡肉为饵，安置近栅栏处，使狐见而入柜攫取。一碰消息，则绳松杆仰，棍落板下，而狐无可逃遁矣。"

4. 用自动机构以防卫墓葬或坑陷敌人

（1）司马迁《史记》：

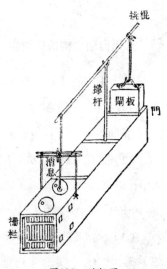

图133　狐柜图
（采麟庆《河工器具图说》）

中国机械工程发明史

"秦始皇本纪。……始皇初即位，穿治郦山。及并天下，天下徒送诣七十余万人。穿三泉，下铜而致椁。宫观，百官，奇器，珍怪，徙藏满之。令匠作机弩矢，有所穿近者辄射之。"

郦道元《水经注·渭水注》："……宫观百官，奇器珍宝，充满其中。令匠作机弩，有所穿近辄射之。"

（2）焦周（明代人）《焦氏说楛》："近有发陆逊墓者，丛箭射出。又闻某墓，木人运剑杀人。"

（3）吾衍（元代人）《闲居录》："陈州古墓，俗云高柴墓。……遂发之不疑。然用力甚多。毒烟飞箭皆随机轮而出。……"

（4）赵无声《快史拾遗》："唐时南阳民有发古墓者，初遇一石门，锢以铁汁。用羊粪灌之，累日方升，则箭发如雨。取石投之，每投辄发。已稍缓，列炬入。至二门，有木人张目运臂挥剑，复伤数人。"

（5）曾公亮《武经总要前集》卷十二："机桥，用一梁。仍为转轴。两端施横栝，置沟壕上。贼至即去栝，人马践之则翻。"

5. 水饰及其他

除了前述的四大类以外，我国有关自动机构的记载仍不少。只是就目前看起来，记载得有些失之过于玄妙，是不是记载得有些夸大，很有疑问。现在谨选录一部分以供参考。

（1）高承《事务纪原》："水戏，典略曰：魏明帝使博士（指马钧）作水转百戏。巨兽，鱼龙曼延，弄马列骑，备如汉西京故事。"

（2）《太平广记》卷二百二十六引杜宝（隋代人）《大业拾遗记》："水饰。……总七十二势，皆刻木为之。或乘舟，或乘山，或乘平洲，或乘磐石，或乘宫殿。木人长二尺许。衣以绮罗，装以金碧，及作杂禽兽鱼鸟。皆能运动如生，随曲水而行。又间以妓航，与水饰相次。亦作十二航，航长一丈，阔六尺。木人奏音声，击磬、撞钟、弹筝、鼓瑟，皆得成曲。及为百戏，跳剑、舞轮、升竿、掷绳，皆如生无异。其妓航水饰亦雕装奇妙。周旋曲池，同以水机使之。奇幻之异，出于意表。又作小舸子，长八尺，七艘。木人长二尺许，乘此船以行酒。每一船，一人擎酒杯立于船头，一人捧酒钵次立，一人撑船在船后，二人荡桨在中央。绕曲水池，回曲之处各坐侍燕宾客。其行酒船随岸而行，行疾于水饰。水饰行绕池一匝，酒船得三遍，乃得同止。酒船每到坐客之处即停住。擎酒木人于船头伸手。遇酒客取酒，饮讫还杯，木人受杯，回身向酒钵之人取杓斟酒满杯，船依式自行。每到坐客处，例皆如前法。此并约岸水中安机。如斯之妙皆出自黄衮之思。宝时奉敕撰水饰图经及检校良工图画，既成奏进，敕遣宝共黄衮相知于苑内造此水饰，故得委悉见之。衮之巧性，今古罕俦。"

按《隋书·经籍志》史部地理类，有《水饰图经》二十卷，子部小说类有《水饰》一卷，可证以上所载绝不是全属虚伪。

（3）潘自牧（宋代人）《记纂渊海》卷八十四："北齐有沙门灵昭，有巧思。武成帝（公元561—564年）令于山亭造流杯池船。每至帝前，引手取杯，船即自往。上有木小儿抚掌，遂与丝竹相应。饮讫放杯，便有木人刺还。饮若不尽，船终不去。"

（4）《北史》列传第七十二："柳䜒……炀帝（公元605—618年）嗣位，拜秘书监。……帝每与嫔后对酒，时逢兴会，辄遣命之至，与同榻共席，恩比友朋。常犹恨不能夜召，乃命匠刻木为偶人，施机关，能坐起拜伏以象䜒。帝每月下对饮酒，辄令宫人置于坐，与相酬酢而为欢笑。"

（5）罗隐撰《广陵妖乱志》（见《全唐文》卷八九七）："高骈末年，惑于神仙之说……后于道院庭中刻木为鹤，大如小驷。羁辔中设机捩，人或逼之，奋然飞动。"

（6）李亢（唐代人）《独异志》（见《稗海》第三函）："蜀人杨行廉，精巧。尝刻木为僧，于益州市引手乞钱。钱满五十于手，则自倾写下瓶口。"

（7）陶宗仪《辍耕录》："兴隆笙在大明殿下。其制置众管于柔韦以象大匏土鼓二韦橐。按其管则簧鸣。簧首为二孔雀，笙鸣机动则应而舞。凡燕会之日，此笙一鸣，众乐皆作。笙止乐亦止。"

（8）宋必选《古迹类编》："彰德府有密作堂最奇。在华林园。堂周围二十四架，以大船浮之于水。为激轮于堂，层层各异。下层刻木为七人，相对列坐。一人弹琵琶，一人击胡鼓，一人弹箜篌，一人搊筝，一人振铜钹，一人拍板，一人弄盘。并衣之以锦绣。其节会进退俯仰莫不中规。中层作佛堂三间，又作木僧七人，各长三尺。衣以绘彩。堂西南角一僧手执香奁，东南角一僧手执香炉而立。余五僧绕佛左转，行道僧每至西南角，则执香奁僧以手拈香授行道僧。僧舒手受香，复行至东南角，则执香炉僧舒手受香于行道僧，僧乃舒手置香于炉中，遂至佛前作礼。礼毕整衣而行。周而复始，与人无异。上层亦作佛堂，傍立菩萨及侍卫力士。佛坐帐上，刻作飞仙，循环右转。又刻画紫云飞腾相映左转，往来交错。博陵崔士顺所制。奇巧神妙，自古未有。"

类似以上所说的这些自动机构的史料还不少。倘深入地加以研究，加以分析，不难把它们的大部分都复原出来。

第六章　结束语

根据以上五章所叙述的事实，我们可以得到下列几点结论。

一、我国古代在机械工程各方面的光辉成就

在过去几千年的历史里边，我国劳动人民在机械工程的各方面，不但有不少极有价值的发明创造，而且在时间上也多是比较早的。现在单就原动力方面的风力、水力、热力及传动机方面的齿轮系传动等看，就可以证明。

在风力方面，三千多年以前，我国就发明了帆；九百多年以前，就发明了风磨。在水力方面，二千多年以前，就发明了水碓；一千九百多年以前，就发明了水排；六百多年以前，就发明了用水力纺纱。在热力方面，一千二百多年以前，就发明了雏形的燃气轮；七百多年以前，就发明了用火药喷射力推进

的火箭；到14世纪又发明了雏形的飞弹和作了发明喷射飞行器雏形的尝试；17世纪初期，更发明了两级火箭的雏形。

在齿轮系传动的应用方面，我们的发明创造表现得更为突出。在公元前2世纪，就发明了用齿轮系传动的记道车和司南车，后来发展成为历代的记里鼓车和指南车。一千八百年以前，张衡就发明了采用齿轮系的天文仪器及自动指出每月日数的计时器。一千二百多年以前，一行和梁令瓒更发明了相当复杂的天文仪器和计时器，不但每一辰和每一刻都有木偶人自动地敲钟击鼓，同时，很精确地表示出日月的运行。六百多年以前，詹希元更发明了与近代钟表相似的计时器。

所有这些在机械工程各方面的发明创造，都是我国劳动人民的光辉成就，也都是我们应该引以自豪的。

二、生产和生活上的需要是促进科学技术发明的原动力

当我们详细分析一下我国在机械工程各方面的发明创造以后，就可以很清楚地看出：绝大多数的发明创造都是源于农业生产上的需要；其次是源于工业生产上的需要；再次是为了抵御外患。如汉武帝时，农业机械有较大的进展，主要是由于那时需要大量地增产粮食。在《前汉书·食货志》上记载着：武

帝末年（公元前90年左右），因为连年用兵的缘故，国家蓄积很少。他下诏力求增加农产。使赵过为搜粟都尉。赵过发明轮种制度，并在中耕除草的同时，逐渐向苗根培土，使作物能耐风耐旱。在农具方面，他对于耕田耘草和播种等农具也都有新的创造。结果能使一亩的产量比用旧方法耕种的增加五斗以上，有的甚至能增加一石以上。到昭帝时（公元前86—公元前74年），开辟的土地和粮食的蓄积就都有了大量的增加。到宣帝时（公元前73—公元前49年）连年丰收，谷的价格，每石低到五钱。[①] 东汉初年，杜诗发明用水力鼓风以铸造农器[②]，主要源于那时需要大量铸造铁制农器，用马力及人力鼓风已感不足。晋代及唐代水碓水磨及水碾等数量的大增，主要是源于那时人口的增加和集中（据记载：唐代初年长安人口达到一百万

---

① 《前汉书·食货志》："武帝末年……下诏曰：方今之务，在于力农。以赵过为搜粟都尉。过能为代田，一亩三甽，岁代处，故曰代田。……苗生叶以上，稍耨陇草，因隤其土以附苗根。……比盛暑，陇尽而根深，能风与旱。……其耕耘下种田器皆有便巧。……一岁之收常过缦田亩一斛以上。善之倍之。至昭帝时……田野益辟，颇有蓄积。宣帝即位，用吏多选贤良，百姓安土，岁数丰穰，谷至石五钱。"
② 《后汉书·杜诗传》："（建武）七年（公元31年）迁南阳太守，性节俭而政治清平。……善于计略，省爱民役，造作水排，铸为农器（原注：冶铸者为排以吹炭，令激水以鼓之也），用力少，见功多，百姓便之。"

人以上），所需粮食的加工工作绝不是旧日用人力畜力所能满足。后汉张衡、唐代一行梁令瓒及元代郭守敬等对于水力天文仪器的发明创造主要也是因为当时的历法很不够准确。为了修订历法，正确地制定农业上必须遵循的二十四节气，就必须对天文进行正确的测验。打算对天文进行比较准确的测验，又必须先有准确的测验仪器。在元代初年，刘因著的《静修文集》上有一首诗，记载着那年八月十五的月亮不圆，到八月十七才圆了，原文为"前日中秋节，今宵月方圆"，可见当时历法上的差误是相当的大。日食月食更是常常推算得不够准确。所以我国历代的科学家对于各种天文仪器有不少很好的发明创造，间接着也都是为农业生产服务的。

各种灌溉机械，更是直接为农业生产服务，如水田中所用的翻车，旱田中所用的水车，在过去一千多年以来对于我国农业生产上的贡献都是非常大的。

至于凿深井汲卤、扬海水晒盐、轧蔗制糖以及纺纱织布等机械更是为人民生活上大量需要的工业品服务的。

各种有关武器的发明创造多是迫于抵抗敌人的侵略。如前汉的弓弩，南宋及明代的火炮和火箭，都是在外族侵略我们比较剧烈的时候发展出来的。所以说：生产和生活上的需要是促进科学技术发明创造的原动力。

中国机械工程发明史

三、所有发明创造都经过逐渐发展的过程

根据不少发明创造演进的情况，我们可以看出：任何一种机械的发明创造，除最初步的简单机械以外，都具有由简入繁、由粗到精、逐渐发展的过程。例如：由谷粒加工而得米的机械，最初是将谷粒平铺在一块大石上，用手拿着另一个较小的石块往复搓动，再把糠皮吹去以得米。其次就发明了杵臼，能应用人上肢的力量向下春击。第三步，发明了脚踏碓，已能利用一部分人体的重力。第四步，发明了用人力或畜力的磨和碾，得到连续加工的效果。第五步，发明了利用水力的连机碓，能利用天然的水力。第六步，又发明利用水力的水磨和水碾，不但原动力利用天然的水力，而且更得到连续加工的效果。

在武器方面，由弹弓进而为弓箭，由弓箭发展为弩箭，由单一的弩箭发展为连弩和床子弩。自火药发明以后，又由人力的弓箭发展为火箭。随后又发展为一次射出多支箭的火箭，以及雏形的飞弹和雏形的两级火箭等。不少实例都可以说明：任何一种发明创造都是沿着由低级到高级、由不完善到比较完善逐步发展的规律，而且总是向着越来效率越高、越来需要人力越少的方向发展。

四、社会制度对于科学技术发展的影响

把我国历史上的各种发明创造同西洋的各种发明创造互相对比，我们看出：大体上在14世纪以前，我国的发明创造不但在数量上比较多，而且在时间上多数也比较早。但是在14世纪以后，除火箭一种仍有显著的发展以外，一般的我们都逐渐落后于西洋。这种现象的基本原因和社会制度有关。西洋在文艺复兴以后，尤其是在工业革命以后，已逐渐由封建社会转入资本主义社会，商品经济的迅速发展，对社会商品的数量和质量都提出了更高的要求，促进了生产的发展，从而对于科学技术的需要或要求也就日益迫切。生产上需要科学技术的帮助，而科学技术的进步又转而推进生产。互为因果，互相推进，结果就促进了科学技术的大步前进。而我们则始终没有脱离封建社会。封建社会的统治者，对于科学技术的发明创造，一向是不够重视的。在我国历史上有不少实例，当发明者把他们的发明创造献给当时的统治者时，不但得不到应有的奖励，往往反受到斥责和处罚。早一些的，如《新唐书》柳泽传所载："开元中（公元713—741年）周庆立造奇器以进。泽上书曰：……庆立雕制诡物，造作奇器，用浮巧为珍玩，以谲怪为异宝，乃治国之巨蠹，明王之所宜严罚者也。"14世纪以后的，如第一章第二节所引朱元璋击碎元司天监所进的水晶刻漏等，都可以说明这一点。又加上封建社会的知识分子也多不重视科学技术。《公羊传》上给"士"下的定义是"德能居位曰士"。读书人应该是把自己培养成"德能居位"的。对于科学技术则多视为"技艺末务"，是值不得加以重视的。前在第一章第二节所引王徵和宋应星的两段序文，正是当时一般读书人轻视科学技术的反映。我国在十四世纪以后，统治者更是继续采用愚民政策，一直用戕贼人性的八股文取士，更起了使绝大多数知识分子不肯用心于科学技术的作用。至于一般劳动人民除少数智慧特别高、性格特别喜爱科学技术的以外，对于科学技术的发展也多不够热心。第一，因为当时的工农业生产均陈陈相因，停滞不进，对于新的科学技术没有迫切的需要；第二，遇到真正对于生产能起较大作用的发明创造，在封建社会里，因为经济和政治的大权都为统治阶级所掌握，凡有显著利益的发明创造总容易被他们得去。例如在晋唐两代，水碓、水磨、水碾等能提高劳动生产率的水力加工机械，就曾经发生过被少数统治阶级所垄断的情形①，结果一般劳动人民对于这些发明创造就

---

① 刘仙洲："科学与生产"。《红旗》，1959年第9期。

更不热心了。我们知道，在16世纪末和17世纪初，曾有少数西洋传教士带来一部分科学技术书籍，少数中国学者，如徐光启、李之藻及王徵等，也曾诚心地想着把其中"实有益于民生日用国家兴作甚急"[①]的东西介绍给我国。王徵并译出《远西奇器图说》一书[②]但是并没有发生多大的影响。

到1840年以后，我国更陷于半封建半殖民地社会，资本主义的工业虽说逐渐有了一些萌芽，科学技术也多少有了一点需要，但是一切工业都在帝国主义国家控制之下，即使建立了几个相对大一些的机械工厂，也仅能做一些装配和修理工作。农业方面更是没有什么进展。所以在半封建半殖民地社会之下，绝没有真正的独立的发展科学技术的条件与可能。

1860年左右，当时的上海江南制造局虽说也努力翻译并出版了一定数量的有关机械工程的书籍，结果同明末王徵等的工作一样，没有发生多大的作用。

社会制度对于科学技术的影响，更可以从新中国成立以来的情形得到一次证明。

---

① 王徵《远西奇器图说》序文里的话。

② 刘仙洲："王徵与我国第一部机械工程学"。《机械工程学报》，第6卷第3期，1958年9月。

自从新中国成立以来，我国由半封建半殖民地的国家一跃而进入先进的社会主义国家，党和政府大力地提倡科学技术的进步，同时工业和农业的生产和组织不但大量地需要科学技术，并且具有充分发展科学技术的条件。在许多方面都大大发挥出社会主义社会的优越性[①]。所以在短短的十二年里边，在机械工业方面由过去只能做小量的装配和修理工作的情形，一跃而能对于飞机、轮船、机车、汽车、拖拉机、大型水轮、大型汽轮、大型发电机以及不少类型的工作母机等，都已达到了能自行制造的地步。在农业机械和国防设备方面，也都有了很好的开端。总起来说，十二年的成就在各方面都大大超过了过去几千年的成就。其中有一部分虽说仍带有一定的仿造性，但是，有不少的部分已具有很高的创造性。再经过今后几年调整、巩固、充实、提高的努力，相信更能大步地向着发明创造阶段迈进。

这一切都说明社会制度对于科学技术发展的高度影响。

---

① 刘仙洲："科学与生产"。《红旗》，1959年第9期。

国家新闻出版广电总局
首届向全国推荐中华优秀传统文化普及图书

‖ 大家小书书目

出版说明

　　"大家小书"多是一代大家的经典著作，在还属于手抄的著述年代里，每个字都是经过作者精琢细磨之后所拣选的。为尊重作者写作习惯和遣词风格、尊重语言文字自身发展流变的规律，为读者提供一个可靠的版本，"大家小书"对于已经经典化的作品不进行现代汉语的规范化处理。

　　提请读者特别注意。

北京出版社